番茄溃疡病病果

茄子黄萎病叶

茄子绵疫病病果

甜椒疫病病茎

甜椒疮痂病病叶

黄瓜霜霉病病叶
背面病斑霉层

西葫芦幼苗病毒病

菜豆细菌性
疫病病叶

大葱紫斑病病叶

芹菜菌核病病株

菠菜霜霉病病叶
背面病斑霉层

大白菜
软腐病病株

大白菜霜霉病
病叶正面病斑

大白菜霜霉病
病叶背面白霉

棉铃虫在番茄果
实上钻蛀为害

番茄叶上为害的
二十八星瓢虫

茄子叶正面
红蜘蛛为害状

茄子叶背面
红蜘蛛为害状

烟青虫在甜椒
果实上为害

黄瓜叶上
蚜虫为害状

西葫芦叶上斑
潜蝇为害状

豇豆上为害的
豇豆荚螟幼虫

甘蓝叶上
菜青虫为害状

甘蓝叶上为害
的小菜蛾成虫

蝼　蛄

露地蔬菜病虫害防治技术问答

程伯瑛　编著

金盾出版社

内 容 提 要

本书以问答的形式，详细介绍了茄果类蔬菜、瓜类蔬菜、豆类蔬菜、葱蒜类蔬菜、绿叶类蔬菜、十字花科蔬菜、根菜类蔬菜、薯芋类蔬菜、水生蔬菜、多年生蔬菜露地栽培病虫害的识别要点、发生规律或为害特点、预防措施、补救措施及注意事项，同时介绍了农药使用技术和综合防治技术。内容先进实用，针对性强，阐述深入浅出，通俗易懂，可作为广大菜农和园艺、植保等农业技术人员简便实用的技术手册，亦可供农业院校相关专业师生参考。

图书在版编目(CIP)数据

露地蔬菜病虫害防治技术问答/程伯瑛编著.—北京:金盾出版社,2009.8

ISBN 978-7-5082-5829-4

Ⅰ.露… Ⅱ.程… Ⅲ.蔬菜—病虫害防治方法—问答 Ⅳ.S436.3-44.

中国版本图书馆 CIP 数据核字(2009)第 110970 号

金盾出版社出版、总发行

北京太平路 5 号(地铁万寿路站往南)

邮政编码:100036 电话:68214039 83219215

传真:68276683 网址:www.jdcbs.cn

封面印刷:北京精美彩色印刷有限公司

彩页正文印刷:北京蓝迪彩色印务有限公司

装订:北京蓝迪彩色印务有限公司

各地新华书店经销

开本:850×1168 1/32 印张:7.875 彩页:8 字数:188 千字

2010 年 10 月第 1 版第 2 次印刷

印数:10 001～18 000 册 定价:14.00 元

目 录

一、蔬菜病害概述

1. 何为蔬菜病害?

蔬菜在生育过程中,由于受到不良环境条件的影响,或受到某种体型极小的有害生物的危害,致使正常的生长发育过程遭到干扰或破坏,在植株的外观发生反常的表现甚至死亡,给生产造成经济损失,这种现象称为病害。根据造成蔬菜病害的原因,可大致分为非侵染性病害和侵染性病害两类。

(1)非侵染性病害 因蔬菜周围的环境条件(如温度、光照、水分、湿度、营养、空气等)中,有一方面或几方面不正常或存在有害物质(如土壤盐碱、工业“三废”等),使蔬菜生长不正常,称这种现象为非侵染性病害。其特点是:①不是由生物侵染引起的,不能互相传染,无侵染性。②在田间成片发生,相邻植株发病症状表现较一致。③不能使用化学药剂进行防治。④当环境条件恢复正常后,症状可以消失或植株恢复正常生长。

(2)侵染性病害 由有害生物侵染蔬菜后造成的生长不正常,称这种现象为侵染性病害。这些有害生物只有侵入蔬菜植株体内吸取蔬菜营养,才能生存。这些有害生物被称为病原生物,简称病原物。侵染性病害的特点是:①有侵染性,可以互相传染。②发病初期,在田间为点、片发生,相邻植株发病症状表现有明显差别。③可以用化学药剂防治。④该病害是否发生,受病原物、蔬菜种类、环境条件三方面因素决定,有一方面条件不具备,侵染性病害不易发生。

2. 引发蔬菜病害的病原物有什么特点?

常见的病原物有以下5类,但前3类病原物引起绝大多数蔬菜病害。

(1)病毒 病毒颗粒体仅有几十纳米到几百纳米(1微米=1 000纳米)大小,借助种子、传毒昆虫(蚜虫、粉虱、叶蝉、飞虱等)、病残体、接触摩擦等方式传播危害。

(2)细菌 细菌体长在1~5微米(1毫米=1 000微米)之间,借助降雨、浇水、种子、昆虫、土壤、病残体和人为因素等方式传播。只能通过蔬菜植株上的伤口和自然孔口(气孔、水孔等)侵入危害。

(3)真菌 真菌体长从几微米到上千微米,借助气流等方式(其他方式见细菌)传播。可从蔬菜植株的表皮、伤口和自然孔口侵入危害。

(4)线虫 线虫体长0.3~1毫米、宽0.03毫米,借助浇水、土壤、病苗、人为因素、自身移动等方式传播危害。

(5)寄生性种子植物 主要有菟丝子和列当两种。

3. 为什么蔬菜幼苗呈青绿色倒伏?怎样防治?

(1)症状识别要点 该病是蔬菜猝倒病,又称为卡脖子、小脚瘟、秃疮头等。可造成染病种子烂种、烂芽不出苗。发病幼苗茎基部出现水浸状黄绿色病斑,很快变成黄褐色,病部缢缩成线状,幼苗仍为青绿色就倒伏。空气湿度大时,病苗及其附近土表常出现白色棉絮状霉层。该病蔓延很快,仅几天时间,苗床内的幼苗就可成片倒伏。

(2)发生规律 由真菌侵染幼苗茎基部致病,可危害瓜类、茄果类、白菜类、甘蓝类、豆类、洋葱、芹菜、莴苣、菠菜、蕹菜、茴香等蔬菜幼苗。地温在10℃、高湿时,幼苗有1~2片真叶时,易发病。遇气温骤降天,或遇连阴雨天、光照不足,幼苗生长衰弱时,发病重。

(3)预防措施 ①修建合格苗床和科学配制育苗土。②用温水浸种后催芽,或用50%福美双可湿性粉剂拌种后直播,用药量为种子重量的0.3%～0.4%。③用70%五氯硝基苯粉剂和50%福美双可湿性粉剂按1∶1比例混匀,按每平方米苗床用混合药剂8克,与10～15千克过筛干细土混匀,制成药土;播种前苗床内浇1次底水(水温与地温相近),待水渗下后,先撒1/3的药土在苗床上,播种后再把2/3的药土覆盖在种子上。也可使用50%多菌灵可湿性粉剂或65%代森锌可湿性粉剂等替代50%福美双可湿性粉剂。④搞好苗床内的温、湿度管理。

(4)补救措施 ①初现病苗后即拔除。②注意通风降湿,用粗铁丝做成的小锄及时松土,增加光照,提高地温,并加强夜间保温。③用25%甲霜灵可湿性粉剂1000倍液,或58%甲霜·锰锌可湿性粉剂500倍液,或72.2%霜霉威盐酸盐水剂600～800倍液,在晴天上午喷雾。每次喷药后,待幼苗叶面药液干后,再往苗床内撒一层干细土以降湿。④若因阴雨天而不能喷药,可选上述药剂对水配成50～60倍液,喷在干细砂土上,拌匀制成药土,往苗床内均匀撒一层药土。

4. 怎样避免蔬菜幼苗站立而枯死?

(1)症状识别要点 这是蔬菜立枯病,又称为霉根、死苗等。发病幼苗茎基部出现暗褐色病斑。病苗初期中午萎蔫,早晚可恢复正常。当病斑环绕幼苗茎基部一周时,病苗逐渐枯死,但不倒伏。

(2)发生规律 由真菌从幼苗根部侵入致病,可危害瓜类、茄果类、白菜类、甘蓝类、豆类、洋葱、芹菜、茼蒿、落葵、莴苣等蔬菜幼苗。在气温24℃,播种过密,间苗、分苗不及时,幼苗徒长时,易发病。

(3)预防措施 参照猝倒病。

(4)补救措施 ①用20%甲基立枯磷乳油1200倍液，或70%代森锰锌可湿性粉剂500倍液，或36%甲基硫菌灵悬浮剂500倍液等喷雾。②其他措施参照猝倒病。

5. 什么是蔬菜根肿病？怎样防治？

(1)症状识别要点 该病只危害蔬菜根部。初发病时，地上部分不显症状，但染病植株生长缓慢、株型矮小，病情逐渐发展，病株茎叶在中午阳光下出现萎蔫现象，但早晨和傍晚可恢复；后期病株叶色暗淡无光，叶缘枯黄，严重时病株枯萎而死。染病植株根部可出现肿瘤。肿瘤形状不定，一般主根上的大些，侧（须）根上的小些。一些较大的肿瘤初期表面光滑，后表面凹凸不平、粗糙龟裂，易被其他杂菌侵染而腐烂，造成根腐。

(2)发生规律 由真菌侵染所致，可危害大白菜、芥菜、甘蓝、花椰菜、油菜、芜菁、萝卜、荠菜、辣椒（保护地）等蔬菜，以大白菜受害最重。当土壤pH值为5.4～6.5时（酸性）适宜发病，土壤pH值在7.2以上时（偏碱）发病轻。气温在18℃～25℃，土壤相对含水量为70%～90%时，适宜发病。田间栽苗时或栽苗后遇降雨，易发病。施用化肥偏多的地、施用未腐熟有机肥（农家肥，因未腐熟而含有病原菌）的地、管理粗放的地，易发病。

(3)预防措施 ①划定发病区，采取多种防范措施，避免病害从病区往非病区扩展蔓延。②在7年以上没有种植过十字花科作物的田块内修建育苗畦或取土育苗；有条件时，可将育苗土摊在阳光下暴晒数日，使土壤相对含水量低于45%。③用40%五氯硝基苯粉剂拌种，用药量为种子重量的0.3%。④用40%甲醛水剂50倍液，每平方米苗床喷淋18升药液，喷药后用塑料薄膜密封苗床两昼夜，然后揭去塑料薄膜，晾至无药味后播种。⑤每平方米苗床用40%五氯硝基苯粉剂9～10克，与4.0～4.5千克细土拌匀制成药土，待苗床底水渗下后，先往苗床内撒 1/3 的药土，播种后再用 2/3 的药土盖种。⑥发病田可与非十字花科作物实行 6 年以上的轮作。⑦结合整地，每 667 平方米(1 亩，下同)施消石灰 50～150 千克，将土壤 pH 值调至 7.2 以上。⑧清除田间荠菜、碎米荠、水田碎米荠、独行菜等十字花科杂草。⑨施用腐熟的有机肥作基肥，采用深沟高畦(垄)栽培，低洼地要注意排水，采用小水按畦勤浇，尽量选择在晴天栽苗。⑩每穴撒 25 克消石灰，与土混匀后栽苗；或栽苗后逐株浇灌 15％石灰乳液。或每 667 平方米用 40％福美·拌种灵可湿性粉剂 3～4 千克，与 40～50 千克干细土拌匀制成药土，播种时沟施或穴施灭菌。

(4)补救措施 ①在十字花科蔬菜移栽缓苗后，用 75％五氯硝基苯可湿性粉剂 800～1 000 倍液灌根。②及早拔除田间初发病株，并在病穴及其附近撒 250 克消石灰灭菌。③初发现病株后，用 70％五氯硝基苯可湿性粉剂 700 倍液，或 50％硫菌灵可湿性粉剂 500 倍液灌根，每株灌 0.3～0.5 升药液。④收完菜后，应将根茬全部挖出，运到田外坑内(50～70 厘米深)，撒石灰后盖土，让根茬腐烂。必须将病残体煮熟后再喂牲畜，决不能用病残体沤肥。

6. 蔬菜根茎部为什么会出现茶褐色菜籽状物？怎样防治？

(1)症状识别要点 这是蔬菜白绢病，主要危害茎基部或近地面的果实。茎基部染病，初为稍凹陷湿润状、暗褐色不规则形病斑，其上长出辐射状白色绢丝状物，边缘明显，后期病部生出许多茶褐色菜籽状物(小菌核)；空气湿度大时，病害扩展到根部四周，严重时植株基部腐烂，致使地上部茎叶由下至上逐渐变黄，重者萎蔫枯死，根围附近土隙中都可长出白色丝状物及褐色小菌核。果实染病，多发生在接触地面部位或距地面较近的部分，出现软腐，病部表面生白色绢丝状物，结生小菌核。

(2)发生规律 由真菌从植株根茎部侵入致病,可危害茄果类、瓜类、豆类、韭菜、胡萝卜、魔芋、芦笋、黄花菜、百合、菱角等蔬菜。高温(32℃～33℃)、高湿,偏酸性(pH 值为 5.9 左右)土壤及砂质土壤,田间种植过密、通风透光不良等条件,有利于发病。

(3)预防措施 ①与十字花科、葱蒜类等蔬菜轮作,以水旱轮作为好。②结合整地,每 667 平方米施消石灰 50～150 千克。③施腐熟的有机肥作基肥,追施硝态氮肥(硝酸铵)。④作物收获后彻底清洁田园,并深耕晒土。

(4)补救措施 ①及时拔除初发病株并销毁,病穴及其四周撒少量石灰灭菌。②发病初期,用 15%三唑酮可湿性粉剂或 50%甲基立枯磷可湿性粉剂 1 千克,对细土 100～200 千克配制成药土,把药土撒在病部根茎处。③发病初期,用 50%代森铵水剂 800～1 000 倍液,或 20%甲基立枯磷乳油 800～1 000 倍液,或 20%三唑酮乳油 1500～2 000 倍液灌根茎部,每株灌 0.3～0.5 升药液。④用培养好的木霉菌 0.4～0.5 千克加 50 千克细土,混匀后撒覆在病株基部,每 667 平方米用木霉菌 1 千克。

7. 怎样防治蔬菜锈病?

(1)症状识别要点 该病又称为黄疸病(在豆类上)、黄菇、墨屎、锈色(在韭菜上),主要危害叶片。病叶初产生黄白色或褪绿色小黄斑,扩大后稍隆起,呈黄褐色近圆形疱斑,后期疱斑中央的突起呈暗褐色,周围具有黄色晕环,表皮破裂后散发出红褐色粉状物;严重时,形成椭圆形或不规则锈褐色病斑,整张叶片布满锈褐色病斑,重者造成叶片枯死。危害豆类时,还可在豆荚上产生疱斑和褐色粉状物。

(2)发生规律 由真菌从叶片侵入致病,可危害豆类、葱蒜类、莴苣、莴笋、菊芋、黄花菜、芦笋、茭白等蔬菜。气温在 15℃～30℃、高湿,易发病;植株生长不良,种植过密,浇水过多,昼夜温差大及露水多，发病重。

(3)预防措施 ①与不易染病的蔬菜实行 2 年以上轮作。②采用高畦栽培，雨后及时排出田间积水。③收获后及时清除病残体，带到田外集中烧毁或深埋，并深翻土壤。

(4)补救措施 发病初期，用 15%三唑酮可湿性粉剂 1 000～1 500 倍液，或 50%萎锈灵乳油 800 倍液，或 25%丙环唑乳油 3 000 倍液，或 12.5%烯唑醇可湿性粉剂 3 000～4 000 倍液，或 80%代森锰锌可湿性粉剂 600～800 倍液，或 50%硫磺悬浮剂 300 倍液喷雾。

8. 蔬菜叶片背面出现白色疱斑该怎么办？

(1)症状识别要点 这是蔬菜白锈病，主要危害叶片。病叶初期，正面出现边缘不整齐的淡黄绿色至黄色斑点，并在叶片背面相应位置长出直径 2～5 毫米、有光泽、圆形或近圆形的白色疱斑，后期疱斑破裂散出白色粉状物。叶片受害严重时病斑密集，病叶畸形枯黄，叶片脱落。若十字花科蔬菜采种株的花梗和花器受害，呈畸形弯曲肥大状，其茎上也出现乳白色疱斑。

(2)发生规律 由真菌侵染所致，可危害十字花科的白菜类、芥菜类、根菜类、蕹菜、苋菜、菠菜等蔬菜。气温在 10℃左右、潮湿多雨，易发病，故多在低温地区和低温年份发病重；昼夜温差大、露水重，连作或偏施氮肥，植株过密、通风透光不良，地势低洼排水不良田块，发病重。

(3)预防措施 ①与不易染病的蔬菜实行 2～3 年轮作。②采用高畦(垄)种植。③收获后清除田间病残体，带到田外集中烧毁或深埋，并深翻土壤。

(4)补救措施 ①及时摘(拔)除初发病叶(株)装入塑料编织袋内，带到田外烧毁或深埋。②发病初期，可用 25%甲霜灵可湿性粉剂 800～1 000 倍液，或 40%三乙膦酸铝可湿性粉剂 200～300

倍液，或75%百菌清可湿性粉剂600倍液，或58%甲霜·锰锌可湿性粉剂500倍液，或64%噁霜·锰锌可湿性粉剂500倍液，或50%琥铜·甲霜灵可湿性粉剂600倍液喷雾（注意往叶片背面喷药液）。

9. 蔬菜叶片上为什么会出现白色粉状物？怎样防治？

(1)症状识别要点 这是蔬菜白粉病，主要危害叶片。发病初期，在叶片正面或背面出现圆形或近圆形的白色小粉斑，以叶片正面较多，以后粉斑逐渐扩大、向四周扩展，粉斑连成一片，严重时整个叶片布满一层白粉；发病后期，有时白粉病斑上会产生成堆的黄绿色至黑色小颗粒。白粉的色泽，发病初期为鲜白色，后逐渐变为灰白色。染病叶片褪绿、枯黄，重者病叶枯死或脱落。瓜类和豆类白粉病的病叶上白粉层较密而明显，茄果类白粉病的病叶上白粉层稀薄、隐约可见。

(2)发生规律 由真菌从叶片侵入致病，可危害瓜类、豆类、茄果类、白菜类、洋葱、莴苣、莴笋、茴香、芫荽、牛蒡等蔬菜。气温在20℃～25℃、空气相对湿度为70%～85%，易发病；在南方可周年危害，在北方可在露地和保护地之间辗转危害。植株生长不良，种植过密，昼夜温差大及露水多，或较干旱，发病重。

(3)预防措施 ①与不易染病的蔬菜实行2～3年轮作。②把病残体、杂草等运到田外深埋或烧毁。③合理密植，加强水肥管理，避免植株徒长或早衰。④发病前，用27%高脂膜水乳剂80～100倍液，叶面喷施。

(4)补救措施 发病初期，可用下列药剂轮换喷雾。①2%抗霉菌素120水剂150～200倍液，或2%武夷霉素水剂150～200倍液。②50%硫磺悬浮剂250～300倍液，或40%硫磺·多菌灵悬浮剂500倍液。③25%丙环唑乳油3 000倍液，或12.5%烯唑醇可湿性粉剂 2 500～3 000 倍液，或 40%氟硅唑乳油 8 000～10 000 倍液。

10. 什么是蔬菜根结线虫病？怎样防治？

(1)症状识别要点 该病主要危害根部。受害植株初期地上部分症状不明显或仅有叶片发黄、萎蔫(中午时)，病情加重后植株长势矮小，叶片变小、变黄，遇干旱则中午萎蔫，早晨和傍晚恢复，重病株提前枯死。拔起病株用清水冲洗净根部泥土，可见侧根和须根上形成大量大小不等的瘤状根结。根结多生于根的中间，初为白色，后为褐色，表面粗糙，有时龟裂。染病茄科和十字花科蔬菜的根结上有时可生有细弱新根，其上又可生小根结。应注意区别：豆科蔬菜的根瘤多生于主、侧根的一旁，表面光滑，不生须根。

(2)发生规律 由根结线虫侵染所致，可危害茄果类、瓜类、豆类、洋葱、芹菜、莴苣、胡萝卜、姜、山药、大(小)白菜、萝卜、芥菜、落葵、苋菜、菠菜等蔬菜。线虫主要分布在 5～30 厘米深的土层中，土温 20℃～30℃、土壤相对湿度为 40%～70%时，有利于其为害蔬菜。地势高燥，土质疏松，盐分含量低及砂质疏松的土壤，连作地块，发病重。

(3)预防措施 ①与葱蒜类、辣椒、禾本科等作物实行 3 年以上轮作，最好水旱轮作。②清除田间病残体(含病根)、杂草(如蒲公英、荠菜、苣荬菜、苍耳等)，集中烧毁，并深翻土壤；也可在夏季，每隔 10 天深耕翻土两次，深度达 25 厘米以上。③在发病重的菜田内种植生菜(莴苣)、小白菜、菠菜等，待形成大量根结后，收获时尽量挖出病根，集中销毁。

(4)补救措施 ①在播种或栽苗前 15 天，每 667 平方米用 33%威百亩可溶液剂 3～4 升，对水 75 升，在病田内开沟浇施，再盖土踏实。②成株期发病，可选用 50%辛硫磷乳油 1 000～1 500 倍液，或 50%敌敌畏乳油 1 000 倍液，或 2.5%阿维菌素乳油 2000

倍液灌病株根部，每株灌药液 300～500 毫升。

11. 蔬菜植株上缠绕许多黄丝线状物该怎么办？

(1) 症状识别要点　这是蔬菜菟丝子，又称为豆寄生、无根草、无娘藤、黄山丝、老鸦丝、黄丝藤等，主要危害蔬菜地上部分。受害植株上缠绕着许多金黄色细丝状无叶茎，吸取受害植株的营养和水分，使被缠绕的植株叶片变黄萎蔫，重者受害植株成片枯死。

(2) 发生规律　由菟丝子侵染所致，可危害茄果类、马铃薯、大葱、洋葱、冬寒菜、白菜类、茴香等蔬菜。菟丝子的种子可混在土壤、未腐熟的有机肥料及蔬菜种子中。每年 4～6 月份，混在土壤中的菟丝子种子萌发，长出 6～10 厘米长的浅黄色幼茎，若缠绕在蔬菜植株上后，便与地下部分分离，在受害植株上分枝蔓延；若没有缠绕在蔬菜植株上，过 7～10 天便枯死。

(3) 预防措施　①与不易受害的蔬菜实行 2～3 年轮作。②深翻土地 25 厘米左右。③施用完全腐熟的有机肥。

(4) 补救措施　①初见菟丝子缠绕蔬菜植株时，即将其摘除干净，并深埋或烧毁，须长年坚持。②在阴天或晴天的早晚，先用树枝抽打菟丝子，造成伤口，然后用鲁保一号粉剂 100～200 倍菌液(每毫升菌液中活孢子数为 2 000 万～3 000 万个)，对准菟丝子喷雾。

二、茄果类蔬菜病害

12. 怎样防治番茄病毒病?

(1)症状识别要点 该病引发的症状类型较复杂,常见的有以下几种。①条斑型:可发生在叶片、茎蔓和果实上,叶片形成绿色深浅斑驳,或叶脉坏死;枝、茎出现暗褐色凹陷的短条斑,后为深褐色油渍状坏死条纹;果实畸形,果面具有暗褐色凹陷斑块或水烫状坏死。严重时植株萎缩变黄,最后枯死。②蕨叶型:顶部叶片特别狭窄或呈螺旋形下卷,并自上而下变成蕨状叶,有时几乎无叶肉,只有细长的中下部叶片向上卷曲,甚至卷成管状;病果畸形,果心呈褐色,植株矮生。③花叶型:叶片呈轻微或明显的黄绿相间,出现明脉、轻重花叶和皱缩,形成斑驳,或叶片狭窄或扭曲畸形,引起落花、落果,果实小,植株矮化。④混合型:上述三种症状在同一植株上出现。

(2)发生规律 由病毒侵染所致,除危害番茄外,还可危害数百种作物。高温干燥,并有大量蚜虫存在,发病重;另外,连茬、田间杂草多,土壤肥力不足,钙、钾缺乏,偏施氮肥,土壤黏重,农事操作不卫生及长期种植感病品种,定植时苗龄过小或苗徒长等,易诱发病毒病。

(3)预防措施 ①根据种植季节、发病特点等,选用抗病品种。②播种前先用清水浸泡种子3～4小时,再用10%磷酸三钠溶液浸种20～30分钟,捞出用清水冲洗3次后催芽播种。③从苗床子叶期到第一穗果实膨大期是重点防蚜期,及时采取措施防治蚜虫。④与玉米间作。例如,4行番茄间作1行早熟玉米,或在番茄田周围种1行玉米(特别是距保护地近的一端)。⑤在高温季节,看天、看地、看番茄长势，早晨或傍晚适量浇水，防止干旱。⑥农事操作中保持手和工具卫生。如：手接触病株后，应用肥皂洗手，以防止无意之中传毒。

(4)补救措施 在初发病时，可采取以下措施。①用1%过磷酸钙溶液或1%硝酸钙溶液，叶面喷洒。②早拔除初发病株，装入袋内，拉秧后应清理干净病残体，均运到田外深埋或烧毁。③喷洒0.5%菇类蛋白多糖水剂300倍液，或1.5%烷醇·硫酸铜水乳剂1000倍液，或20%吗胍·乙酸铜可湿性粉剂500倍液，或高锰酸钾1000倍液等。

13. 番茄的叶、茎、果等部位出现褐色轮纹状病斑，该怎样防治？

(1)症状识别要点 这是番茄早疫病，又称为轮纹斑病，可危害幼苗和成株叶片、茎秆、果实等。若幼苗期染病，茎基部出现黑褐色病斑，往往不易被发现，此病苗移栽到田间后，易造成较大的危害。若成株期发病，病叶上初出现水浸状暗褐色小斑点，后扩展成深褐色圆形或椭圆形病斑，其直径可达1～3厘米，病斑上有同心轮纹，周围产生黄色晕圈；叶柄、茎秆和枝杈处出现椭圆形或不规则形灰褐色病斑，有时病部凹陷；果实上多在果肩部出现稍有凹陷、黑褐色、上有同心轮纹的病斑，重病果实开裂，病部较硬。空气湿度大时，病部长黑色霉层。

(2)发生规律 由真菌侵染所致，除危害番茄外，还危害茄子、马铃薯、辣椒等茄科蔬菜。气温在15℃、空气相对湿度80%以上时，开始发病，当气温在20℃～25℃、高湿（如多雾天或连阴雨天）条件下，发病快。田间通风不良，植株长势差，发病早而重，下部老叶先发病。

(3)预防措施 ①用温水浸种后催芽播种。②与非茄科蔬菜实行2～3年轮作。③采用新土育苗，适时分苗，避免移栽病苗。

④适量增施磷、钾肥，适时整枝打老叶。

(4)补救措施 ①及早摘除初发病叶，清除田间病残体，装袋运到地外深埋或烧毁。②用70%代森锰锌可湿性粉剂500倍液，或75%百菌清可湿性粉剂600倍液，或64%噁霜·锰锌可湿性粉剂500倍液，或50%异菌脲可湿性粉剂1500倍液，或50%腐霉利可湿性粉剂1000～1500倍液，或58%甲霜·锰锌可湿性粉剂500倍液喷雾。③对在茎或枝杈部位形成的较大病斑，用50%异菌脲可湿性粉剂100～200倍液，或75%百菌清可湿性粉剂400倍液，用毛笔蘸药液涂抹。

(5)注意事项 ①茄子早疫病又称为轮纹病、夏疫病等。病叶上出现边缘褐色、中央灰白色的圆形或椭圆形病斑，其直径可达2～10毫米，上有同心轮纹，空气湿度大时，上面长出微细的灰黑色霉层，重病叶易脱落。②甜(辣)椒早疫病的病叶上出现黑褐色圆形或椭圆形病斑，其直径可达2～6毫米，上有同心轮纹，空气湿度大时，上面长有黑色霉层。③马铃薯早疫病的病叶上出现黑褐色圆形或近圆形病斑，其直径可达3～4毫米，上有同心轮纹，空气湿度大时，上面长有黑色霉层，重病叶易脱落。防治措施可参照番茄早疫病

14. 什么是番茄晚疫病？怎样防治？

(1)症状识别要点 该病又称为疫病，可危害番茄幼苗和成株叶片、茎秆、青果实等。若幼苗期染病，叶片出现水渍状暗绿色病斑，叶柄处产生黑褐色腐烂，潮湿时，病斑边缘产生白色霉层，病斑扩大后，叶片逐渐枯死；叶片病斑向幼茎蔓延，幼茎基部形成水渍状缢缩并呈黑褐色，重者出现萎蔫或倒伏。若成株期染病，多从植株下部叶片的叶尖或叶缘出现水渍状暗绿色病斑，逐渐变褐色，潮湿时叶背面病健交界处产生稀疏的白色霉层；茎和叶柄上的病斑呈水渍状褐色凹陷，最后变黑褐色腐烂，引起植株萎蔫；青果实上

病斑形状不规则，稍凹陷，边缘呈云纹状，最初呈暗绿色油渍状，后变暗褐色至棕褐色，果实质地坚不变软，在潮湿条件下，病斑长有少量白霉。

(2)发生规律 由真菌侵染所致，除危害番茄外，还危害马铃薯。气温在15℃～25℃、空气相对湿度75%以上时易发病。在适温范围内，气温越高、湿度越大，病害蔓延越快。叶面有水膜时易受病害侵染。降雨早和雨日多，降雨时间长和雨量大，大田病害发生重。种植密度过大，施氮肥过多而徒长，均可诱发病害。

(3)预防措施 ①根据种植季节，选用抗病品种。②选择地势高燥、排灌方便的地块或采用高畦种植番茄。夏秋育苗，须搭遮阴防雨棚。③避免与马铃薯连作或邻作。④及早搭架，适度整枝打杈，摘除植株下部老叶。⑤看天、看地、看番茄长势，适量浇水，不可大水漫灌。⑥在宜发病期，浇地或降雨前1天，可喷施甲霜灵、甲霜·锰锌、三乙膦酸铝、噁霜·锰锌等(见下述)。

(4)补救措施 ①及早拔除病株，深埋病残体。②在发病前或发病初，用75%百菌清可湿性粉剂500倍液，或25%甲霜灵可湿性粉剂800倍液，或40%三乙膦酸铝可湿性粉剂200倍液，或64%噁霜·锰锌可湿性粉剂500倍液，或58%甲霜·锰锌可湿性粉剂500倍液，或72.2%霜霉威盐酸盐水剂800倍液，或72%霜脲·锰锌可湿性粉剂500倍液，或40%琥铜·甲霜灵可湿性粉剂800倍液，或95%硫酸铜1 000倍液，或1∶1∶160～200波尔多液，全株喷雾。

15. 怎样识别和防治番茄斑枯病?

(1)症状识别要点 该病又称为鱼目斑病、白星病，主要危害叶片，以开花结果期发病最重。叶片发病，先在叶背面产生水渍状小病斑，很快正反两面都出现病斑，直径1.5～4.5毫米，呈圆形或近圆形，中央灰白色，稍凹陷，边缘深褐色，呈“鱼目”状。病斑可相互连接成大型枯斑,有时病斑组织脱落,形成穿孔。一般先下部叶片发病,并自下而上蔓延,严重时下、中部叶片枯黄脱落,仅上部留存少数叶片。茎和果实发病,出现灰褐色圆形或椭圆形稍凹陷的病斑。各部位的病斑上均散生黑色小粒点。

(2)发生规律 由真菌侵染所致,除危害番茄外,还危害茄子、辣椒。气温在22℃～26℃、空气相对湿度92%～94%时,易发病。多雨季节特别是雨后转晴的高湿环境,易发病;植株长势衰弱,光照不足时,病情加重。

(3)预防措施 ①用温水浸种后催芽播种,用无病新土育苗。②与非茄科蔬菜实行3～4年轮作。③采用高畦栽培,合理密植,适时搭架整枝,雨后及时排出田间积水。④发病前,叶面喷施27%高脂膜水乳剂80～100倍液。

(4)补救措施 ①在发病初期,用75%百菌清可湿性粉剂600倍液,或80%代森锰锌可湿性粉剂500倍液,或50%多菌灵可湿性粉剂500倍液,或70%甲基硫菌灵可湿性粉剂1 000倍液,或58%甲霜·锰锌可湿性粉剂500倍液,或40%硫磺·多菌灵胶悬剂500倍液,或64%噁霜·锰锌可湿性粉剂500倍液喷雾。②拉秧后全面清理田间病残体,带到田外集中烧毁或深埋。

16. 什么是番茄芝麻斑病？怎样防治？

(1)症状识别要点 该病又称为褐斑病,主要侵染叶片。病叶上出现直径1～10毫米、圆形或近圆形、边缘明显的灰褐色病斑,病部变薄、凹陷有光亮(叶背尤为明显),有别于其他叶斑病。大病斑上有时出现轮纹,空气湿度大时长有深褐色霉状物。叶柄、果梗染病,出现灰褐色凹陷病斑,空气湿度大时长出黑霉。

(2)发生规律 由真菌侵染所致,除危害番茄外,还危害茄子。气温在25℃～28℃、高湿特别是多雨高温季节,病害易流行。田间潮湿,植株生长衰弱,种植过密,通风透光差或肥料不足,发病重。

(3)预防措施 ①采用高畦种植。②适度密植。③叶面喷施1.4%复硝酚钠水剂7 000倍液。

(4)补救措施 ①发病初期,喷洒25%络氨铜水剂500倍液,或77%氢氧化铜可湿性粉剂400～500倍液,或1∶1∶200波尔多液,或50%硫磺·甲硫灵悬浮剂500倍液,或50%硫磺·多菌灵悬浮剂500倍液,或50%甲基硫菌灵可湿性粉剂600倍液。②及早摘除初发病株病叶,深埋或烧毁。收获后清除病残体,并深翻地。

17. 怎样防治番茄灰叶斑病?

(1)症状识别要点 该病只危害叶片。病叶上初出现暗色圆形或近圆形小斑点,后沿叶脉向四周扩大成为灰白色至灰褐色、不规则形稍凹陷病斑,直径2～4毫米,极薄,后期易破裂穿孔,多数病斑密集聚生,病叶常脱落。

(2)发生规律 由真菌侵染所致,除危害番茄外,还可危害辣椒、豇豆、莴苣、蕹菜等。气温为22℃～25℃、空气相对湿度85%以上时,易发病。连阴雨天、日照少,土壤和空气湿度大,叶面有露水时间长等,是发病的重要条件;土壤肥力不足,缺钾肥而氮肥过多,植株生长势弱,发病重。

(3)预防措施 ①用温水浸种后催芽播种。②用50%多菌灵可湿性粉剂或50%福美双可湿性粉剂拌种,用药量为种子重量的0.3%～0.4%。③采用高畦种植,增施有机肥及磷、钾肥,适度密植,前期注意蹲苗。④开花后,叶面喷施0.2%～0.4%磷酸二氢钾液,每隔7天喷1次,连喷4～5次。

(4)补救措施 ①发病初期,叶片正反面喷洒75%百菌清可湿性粉剂600倍液,或50%腐霉利可湿性粉剂1 000倍液,或70%代森锰锌可湿性粉剂500倍液,或40%克菌丹可湿性粉剂500倍液，或77%氢氧化铜可湿性粉剂400～500倍液。②收获后及时清除病残体，集中烧毁。

18. 怎样防治番茄(匐柄霉)斑点病?

(1)症状识别要点　该病主要危害叶片。病叶上初生淡绿褐色小斑点，后扩大成周缘黑褐色、中间灰褐色的圆形或近圆形病斑，直径2～3毫米，病斑周围有不规则形黄化区，后期病斑穿孔，病叶黄化或枯死。

(2)发生规律　由真菌侵染所致。气温在20℃～25℃，雨水多时，易发病。

(3)预防措施　①施用腐熟有机肥作基肥。②不可过量浇水。

(4)补救措施　发病初期，用50%琥胶肥酸铜可湿性粉剂500倍液，或80%碱式硫酸铜悬浮剂400倍液，或47%春雷·王铜可湿性粉剂800倍液，或77%氢氧化铜可湿性粉剂500倍液，全田喷洒。

19. 怎样识别和防治番茄圆纹病?

(1)症状识别要点　该病又称为实腐病，主要危害叶片和果实。病叶上初生淡褐色、褐色圆形或近圆形病斑，有1.5～22毫米×1.3～17毫米大小，病斑中具有整齐的近圆形轮纹，病斑不像早疫病那样易受叶脉限制，轮纹较平滑、突起不明显，有时几个病斑可互相连接，占叶面积的1/3～1/2，后期生不明显小黑点，老病斑易破裂，可与早疫病区别。病果上初生淡褐色至褐色凹陷斑，扩大后可发展到果面的1/3，病斑不软腐，略收缩干皱，具有轮纹，空气湿度大时可长出白色霉层，后病斑渐变黑褐色，表面生许多小黑点，病斑下果肉紫褐色，有的与腐生菌混生致果实腐烂。成熟果易染病。

(2)发生规律　由真菌侵染所致，除危害番茄外，还危害辣椒。

气温在21℃以上，雨水多，易发病。

(3)预防措施 ①与非茄科作物实行2年以上轮作。②采用地膜覆盖高畦栽培。③雨后避免田间积水。

(4)补救措施 ①发病初期，用75%百菌清可湿性粉剂500倍液，或40%硫磺·多菌灵悬浮剂500～600倍液，或50%硫磺·甲硫灵悬浮剂500倍液，或1∶1∶200波尔多液，或77%氢氧化铜可湿性粉剂500倍液，或50%琥胶肥酸铜可湿性粉剂400～500倍液喷雾。②及早摘除初发病果、病叶，收获后彻底清除病残体，均集中烧毁或深埋，并深翻土地。

20. 什么是番茄黑斑病？怎样防治？

(1)症状识别要点 该病又称为钉头斑病、指斑病，主要危害果实。染病果实上出现灰褐色至褐色、圆形或近圆形、稍凹陷病斑，有明显的边缘，病斑上生有黑色霉状物，病果上有一个或几个病斑，大小不等。若幼果受害，病斑很快扩展和深入内部；若近成熟果受害，病斑不深入果实内部。幼苗叶片受害，初生暗褐色圆形或不规则形细小病斑，周围有黄色晕圈，病斑直径可扩展到几十毫米。

(2)发生规律 由真菌侵染所致。该病发生条件为气温25℃～30℃、空气相对湿度85%以上，故高温多雨的年份和季节有利于发病。地势低洼、管理粗放、肥水不足、植株生长衰弱等，易发病。

(3)预防措施 ①用温水浸种后催芽播种。②用40%灭菌丹可湿性粉剂或50%福美双可湿性粉剂拌种，用药量为种子重量的0.3%。③加强肥水管理，适时追肥和喷施叶面肥。

(4)补救措施 ①在青果时，用75%百菌清可湿性粉剂600倍液，或50%异菌脲可湿性粉剂1 000～1 500倍液，或58%甲霜·锰锌可湿性粉剂500倍液，或40%硫磺·多菌灵悬浮剂600

倍液，30%王铜悬浮剂600倍液喷雾。②及早摘除初发病果、病叶，收获后彻底清除病残体，均集中烧毁或深埋，并深翻土地。

21. 怎样避免发生番茄绵疫病？

(1)症状识别要点 该病又称为褐色腐败病、掉蛋、烂蛋等，主要危害未成熟果实和叶片。初发病时在近果顶部或果肩部出现表面光滑的淡褐色斑，后逐渐形成同心轮纹状斑，变为深褐色，病部果肉也变褐，病果多保持原状、不软化、易脱落，空气湿度大时病部长出白色霉状物。叶片染病，出现大型水浸状褪绿斑，有时可见到同心轮纹，病叶逐渐腐烂。

(2)发生规律 由真菌侵染所致，除危害番茄外，还危害辣椒、茄子、黄瓜等。该病发生条件为气温30℃、空气相对湿度大于95%，故高温多雨的年份和季节有利于发病。连茬种植地，土质黏重地，地势低洼排水不良地，易诱发本病。

(3)预防措施 ①与非茄科蔬菜实行3年轮作。②采用高畦地膜覆盖栽培。③及时整枝打杈，去老叶。

(4)补救措施 ①进入宜发病期，用40%三乙膦酸铝可湿性粉剂200倍液，或72.2%霜霉威盐酸盐水剂800倍液，或64%噁霜·锰锌可湿性粉剂500倍液，或58%甲霜·锰锌可湿性粉剂500倍液，或52.5%噁酮·霜脲氰可湿性粉剂600倍液，或60%琥铜·乙膦铝可湿性粉剂500倍液喷雾，重点喷青果穗，适当喷洒地面。②及时摘除病果深埋。

(5)注意事项 注意与番茄绵腐病相区别。番茄绵腐病主要危害果实，由真菌侵染致病，多在雨季发生。病果上产生水浸状黄褐色或褐色大斑，造成果实腐烂，有时果皮破裂，其病果一般不脱落，上密生大量棉絮状白色霉层，而别于番茄绵疫病。防治措施可参照番茄绵疫病。

22. 什么是番茄茎基腐病？怎样防治？

(1)症状识别要点 该病主要危害番茄栽苗(定植)前后植株茎基部或地下主侧根。植株病部初为暗褐色，以后绕茎部或根颈部扩展一周，造成表皮腐烂，地上叶片变黄、萎蔫；进入果实膨大期后，病株逐渐萎蔫枯死；发病后期，在病部表面常形成黑褐色大小不一的粒状物，这点可与早疫病相区别，同时要避免与菌核病混淆。

(2)发生规律 由真菌侵染所致。发病适温为24℃左右。幼苗定植过深或培土过高，茎基部渍水，大水漫灌并遇到地温过高时，易发病。

(3)预防措施 ①培育无病壮苗。②栽苗时要注意剔除病苗，幼苗栽种不宜过深，培土不宜过高。③植株缓苗期间不要浇大水，雨天及时排出田间积水。

(4)补救措施 初发病时，可酌情采取以下措施。①每平方米用40%福美·拌种灵可湿性粉剂9克，与适量细土充分混匀后，制成药土，在病株基部堆放药土，把病部埋住。②用40%福美·拌种灵可湿性粉剂800倍液，或20%甲基立枯磷乳油1 200倍液，喷洒植株茎基部。③用40%五氯硝基苯可湿性粉剂200倍液与50%福美双可湿性粉剂200倍液混配后，涂抹病部。

23. 怎样避免发生番茄枯萎病？

(1)症状识别要点 该病又称为萎蔫病，主要危害番茄根部和茎部。发病初期，仅植株下部叶片变黄，或病株茎蔓一侧自下向上出现凹陷区，造成一侧叶片发黄，白天萎蔫，早晨和傍晚可恢复，但叶片不脱落；随着病情加重，根部变褐腐朽，除顶端数片叶完好外，其余叶片均枯死。空气湿度大时，病部长出粉红色霉层；剖开病株茎基部，可见剖面上的维管束变成黄褐色。从发病到枯死，一般需

20～30 天。

(2)发生规律 由真菌侵染所致,多在番茄开花结果期发生。连茬地,低洼潮湿地,土质黏重地,土壤偏酸,土温 28℃,施用未腐熟的有机肥,根部伤口多,加重发病。

(3)预防措施 ①用 50%克菌丹可湿性粉剂或 50%多菌灵可湿性粉剂拌种,用药量为种子重量的 0.3%～0.5%;或用温水浸种。②采用无病土营养钵育苗。③实行 3 年以上轮作,施用腐熟有机肥,采用高畦深沟栽培。④农事操作避免伤根。⑤注意防治线虫。

(4)补救措施 ①初发病时,用 50%多菌灵可湿性粉剂 500 倍液或 36%甲基硫菌灵可湿性粉剂 500 倍液,全株喷雾;也可用 50%多菌灵可湿性粉剂 500 倍液,或 10%混合氨基酸络合铜水剂 100～300 倍液,或铜氨液 600～800 倍液灌根,每株灌 100 毫升药液。③早挖除重病株,并用 50%多菌灵可湿性粉剂 500 倍液灌空穴。

(5)注意事项 从以下 4 个方面可区别枯萎病和青枯病。①从病叶初萎蔫时的位置和色泽区别:枯萎病为植株下部叶片,颜色变黄;青枯病为顶端叶片,颜色正常。②从发病到枯死过程的快慢区别:枯萎病从发病到枯死为 20～30 天,而青枯病为 7～8 天,遇晴天高温仅为 2～3 天。③从病部表面在潮湿条件下是否长出粉红色霉层区别:枯萎病有,而青枯病无。④从用手挤压病茎横切口有无乳白色混浊液渗出相区别:枯萎病无,而青枯病有。

24. 怎样避免番茄快成熟果发生腐烂?

首先,要及时摘收快成熟果实(特别是靠近地面的),注意轻摘轻放。其次,在果实膨大期,采取多种措施避免果实上出现虫伤、裂口、日灼伤等伤口。再次,要及早摘除病残果并深埋。最后,针对具体病害,对症采取药剂防治,以减少在运输或贮藏过程烂果。

导致番茄近成熟果实发生腐烂的病害主要有以下几种。

(1)炭疽病 ①发生规律与症状识别要点：由真菌侵染所致，只危害果实。该病发生条件为气温25℃～30℃、空气相对湿度90%以上，多雨、多露、重雾易发病，多在果实着色后发病。病果表面初生水浸状透明小斑点，很快扩展成直径5～10毫米(少数可达20毫米)的圆形或近圆形病斑，后逐渐扩大为黑色略凹陷、具有同心轮纹病斑，其上密生小黑点，空气湿度大时病斑上分泌出淡红色黏质物，造成果实腐烂或脱落。②预防措施：从绿果期开始喷药，用80%福·福锌可湿性粉剂800倍液，或50%多菌灵可湿性粉剂800倍液，或50%甲基硫菌灵可湿性粉剂500倍液，或75%百菌清可湿性粉剂600倍液，或80%代森锰锌可湿性粉剂500倍液。

(2)根霉果腐病 ①发生规律与症状识别要点：由真菌侵染所致，主要危害果实。该病在气温24℃～29℃、连阴雨天易发病，近成熟或成熟后没有及时采收的近地面果实易染病，采种田内发病重。果实染病后迅速出现大面积软化腐烂，空气湿度大时病部长出较密的白色霉层，不久在白色霉层上生出蓝黑色霉。②防治措施：发病初期，用77%氢氧化铜可湿性粉剂500倍液，或30%碱式硫酸铜悬浮剂400～500倍液，或50%苯菌灵可湿性粉剂1 000倍液，或70%甲基硫菌灵可湿性粉剂800倍液，或47%春雷·王铜可湿性粉剂800倍液，全田喷洒。

(3)酸腐病 ①发生规律与症状识别要点：该病又称为水腐病，由真菌侵染所致，只危害果实。在气温23℃～28℃、田间湿度大时，易发病，尤其是过熟果实、有伤口果实更易发病。病果局部或全果软化，表皮逐渐变成褐色、出现湿腐状，表皮稍微皱缩有裂纹，空气湿度大时病部表面或裂缝中长出稀疏白霉，最后病果腐败流汁。病部易开裂，有酸臭味，可与软腐病区别。②防治措施：发病初期，用50%琥胶肥酸铜可湿性粉剂500倍液，或77%氢氧化铜可湿性粉剂400～500倍液，或30%碱式硫酸铜悬浮剂400～

500倍液，或14%络氨铜水剂400倍液，或70%代森锰锌可湿性粉剂500倍液，全田喷洒。

(4)镰刀菌果腐病 ①发生规律与症状识别要点：由真菌侵染所致，多危害成熟果实。高温、高湿条件易发病；近地面的果实，有伤口的果实，易染病；灌水过多、排水不良地块发病重。病果上发病处，初期呈淡褐色，后变褐色，呈现形状与大小不定的病斑，病健部无明显界限，果实表皮起皱纹，后期病部可扩展至半个及整个果实，空气湿度大时病部出现略带红色的棉絮状霉，造成病果腐烂。②防治措施：在发病初期或果实着色前，用50%琥胶肥酸铜可湿性粉剂500倍液，或25%络氨铜水剂500倍液，或50%多菌灵可湿性粉剂600倍液，或70%甲基硫菌灵可湿性粉剂700倍液，或40%硫磺·多菌灵悬浮剂500倍液，全田喷洒。

(5)丝核菌果腐病 ①发生规律与症状识别要点：由真菌侵染所致，危害果实，多在植株下部接近地面成熟果实发病，高温、高湿条件下发病重。一般在果实肩部或脐部，初出现水浸状淡色斑，后扩展成暗褐色略凹陷病斑，病斑的大小、形状不等，空气湿度大时病斑表面有褐色蛛丝状霉，后期病斑中心常裂开，造成病果腐烂。②防治措施：在发病初期，用20%甲基立枯磷乳油1 000倍液，或5%井冈霉素可溶粉剂1 500倍液，或15%噁霉灵水剂400倍液，或1∶1∶200波尔多液，全田喷洒。

(6)青霉果腐病 ①发生规律与症状识别要点：由真菌侵染所致，只危害果实。该病在气温18℃～28℃、空气相对湿度达到95%以上时才发病，在贮藏时易发病。在染病果上产生大小不等的水浸状圆形或近圆形褐色凹陷病斑，后病斑逐渐扩大，可至半果以上，病斑上长出初为白色、后为青色或深绿色丝状霉层，最后病果软化腐烂，严重时可使整堆果实染病。②防治措施：在收获前7天，用50%多菌灵可湿性粉剂1 000～1 500倍液，或70%甲基硫菌灵可湿性粉剂1 000倍液，或50%苯菌灵可湿性粉剂1 500倍液，全田喷洒。在果实装运时，应剔除病、伤残果。贮藏窖在使用前，用50%多菌灵可湿性粉剂300倍液，或70%甲基硫菌灵可湿性粉剂200～400倍液喷洒，灭菌消毒。在番茄贮藏期间，窖温控制在5℃～9℃，空气相对湿度控制在90%左右。

(7)交链孢果腐病 ①发生规律与症状识别要点：由真菌侵染所致，危害青果和成熟果，但以成熟果居多，主要在果实伤口处或受到冷害的凹陷处发病。病果的受害处变为水浸状褐色，后发硬凹陷变成黑色斑，并长出短绒毛状的黄褐色至黑褐色霉。②防治措施：在发病前，用75%百菌清可湿性粉剂600倍液，或50%异菌脲可湿性粉剂1000～1500倍液，或58%甲霜·锰锌可湿性粉剂500倍液，全田喷洒。

25. 怎样识别和防治番茄细菌性果实腐烂病？

(1)症状识别要点 该病由细菌侵染所致，在发病果实上不出现霉层。主要有软腐病和假单胞果腐病两种类型。①软腐病：主要危害果实和茎。果实从伤口处染病，病部组织软化腐烂，迅速扩展到半个果实至整个果实，果皮虽保持完整，但果肉腐烂成浆，具有恶臭味；茎部的伤口易染病，造成髓部腐烂，严重时病组织失水后干缩中空，病部维管束完整无损，病部以上枝叶变黄萎蔫。②假单胞果腐病：主要危害果实。从果实伤口处染病，病部初期出现不规则形褪绿斑，病斑先发白，后逐渐软化而腐烂，果肉变为黄褐色至黑褐色，致使全果腐烂呈稀泥状，流出黄褐色汁液，但无臭味而有别于软腐病。常造成果实未熟即腐烂，严重时烂果遍地。

(2)发生规律 ①软腐病：气温在25℃～30℃、空气相对湿度在95%以上易发病。伤口多时，雨水多、露水重，发病重。②假单胞果腐病：在夏季雨季易发病。

(3)预防措施 ①采用高畦(垄)地膜覆盖栽培，适量浇水，雨后及时排出田间积水。②在晴天上午露水干后再整枝、打杈。

③采取多种措施,减少植株上伤口和各类虫害。

(4)补救措施 ①及早摘除病果深埋,切不可将病果摆放在架杆上或丢弃在田间。②发病初期,用72%硫酸链霉素可溶粉剂4 000倍液,或47%春雷·王铜可湿性粉剂800倍液,或30%碱式硫酸铜悬浮剂400倍液,或50%琥胶肥酸铜可湿性粉剂500倍液,或77%氢氧化铜可湿性粉剂500倍液,或56%氧化亚铜水分散粒剂700～800倍液,全田喷洒。

26. 什么是番茄溃疡病?怎样防治?

(1)症状识别要点 该病主要危害茎秆、果实、叶片等。若幼苗期发病,可引起部分叶片萎蔫和茎部溃疡,严重时幼苗枯死。若成株期染病,在插架时最易显症。起初,病株下部叶片凋萎下垂卷缩,或植株一侧或部分小叶出现萎蔫,似缺水状;病株茎内变褐,并上下扩展达数节,形成长短不一的褐色空腔,使病茎表面下陷形成狭长条斑或开裂,并生出许多不定根,到后期,病茎内变褐中空,全株枯死,顶部叶呈青枯状。病果初生白色圆形小点,后变成褐色,病斑粗糙、中心略突起,周围有白色晕圈,直径约3毫米,似"鸟眼"状。病茎内变褐中空和病果上"鸟眼"症状并不一定出现在同一株上。空气湿度大时,有白色黏液从病茎流出。

(2)发生规律 由细菌侵染所致。气温在25℃～27℃、空气湿度大时,易发病。喷灌地,土温28℃地,偏碱性地,管理粗放(如大水漫灌、露水未干而整枝打杈等)地,暴雨多等,有利于病害发生。

(3)预防措施 ①用温水浸种。或用200毫克/升的硫酸链霉素溶液浸种2小时,捞出用清水冲洗3次后催芽播种。②用新苗床育苗。③与非茄科蔬菜实行3年以上轮作。④应在植株上的雨水或露水干后再整枝打杈。⑤雨后及时排出田间积水。

(4)补救措施 ①初发现病株应拔除深埋,并往病穴内填250

克石灰或浇灌 20%石灰水 250 毫升灭菌。②在发病初期，选用77%氢氧化铜可湿性粉剂 500 倍液，或 50%琥胶肥酸铜可湿性粉剂 500 倍液，或 14%络氨铜水剂 300 倍液，或 1∶1∶200 波尔多液，或 60%琥铜·乙膦铝可湿性粉剂 500 倍液，或 47%春雷·王铜可湿性粉剂 500 倍液，或 72%硫酸链霉素可溶粉剂 3 000～4 000 倍液，或硫酸链霉素·土霉素（新植霉素）可湿性粉剂 4 000 倍液喷雾。③拉秧后，及时清除病株并烧毁。

27. 怎样识别和防治番茄青枯病？

(1)症状识别要点 该病主要危害根部。在苗期一般不表现症状，进入开花结果期后，染病植株初期，白天萎蔫，傍晚复原，叶片颜色正常，数天后不再恢复。病株先是顶端叶片萎蔫下垂，然后下部叶片凋萎，中部叶片最后凋萎，有的则一侧叶片先萎蔫或整株叶片同时萎蔫。发病较重的植株 7～8 天即枯死，遇晴天高温，2～3 天即可枯死。植株死亡后叶片仍保持青绿色。空气湿度大时，可用手从病茎横切面挤出白色黏液。

(2)发生规律 由细菌侵染所致。除危害番茄外，还危害茄子、马铃薯、辣椒等茄科蔬菜作物。当气温在 25℃～30℃（地温在25℃）、高湿（土壤含水量超过 20%）条件下，易发病。土壤偏酸，地势低洼、排水不良，植株根部有伤口，或连阴雨天后骤晴等，发病加重。

(3)预防措施 ①与非茄科作物实行 5 年以上轮作，或水旱轮作。②土壤偏酸时，每 667 平方米施石灰 100～150 千克。③采用配方施肥技术。④采用无病土营养钵育苗，中耕除草时要避免伤根。⑤采用高畦栽培，避免大水漫灌，雨后及时排出田间积水。

(4)补救措施 ①发现零星病株时，应立即拔除，并往病穴内填 250 克石灰或浇灌 20%石灰水 250 毫升灭菌。②在发病前（初期），用 72%硫酸链霉素可溶粉剂 4 000 倍液，或硫酸链霉素·土霉素可湿性粉剂4 000倍液,或50%琥胶肥酸铜可湿性粉剂400倍液,或25%络氨铜水剂500倍液,或77%氢氧化铜可湿性粉剂500倍液,或47%春雷·王铜可湿性粉剂500倍液,进行灌根或喷雾。③拉秧后,及时清除病株并烧毁。

(5)注意事项 茄子、马铃薯、甜(辣)椒等茄科蔬菜的青枯病症状与番茄青枯病类似,预防措施和补救措施可参照番茄青枯病。

28. 什么是番茄疮痂病?怎样防治?

(1)症状识别要点 该病又称为细菌性斑点病,主要危害叶、茎和青果实。下部老叶先发病,逐渐向上部叶片发展。初在病叶背面形成水渍状暗绿色小斑,逐渐扩大成圆形或不规则形褐色病斑。病斑表面粗糙不平,周围有黄色晕圈,内部较薄,具油脂状光泽,后期叶片干枯质脆。病茎上初生水浸状暗绿色至黄褐色不规则形病斑,病部稍隆起,裂开后呈疮痂状。病果上初生圆形白色小点,后扩展成暗褐色或黑褐色病斑,中间凹陷,呈疮痂状,直径0.2~0.5厘米,多个病斑可相互连接成不规则形大病斑。成熟果实一般不受害。

(2)发生规律 由细菌侵染所致。除危害番茄外,还危害甜(辣)椒。当气温在27℃~30℃,高湿条件下,易发病。高温季节遇阴雨天气是发病重要条件。管理粗放,植株生长衰弱、伤口多,发病重。

(3)预防措施 ①用温水浸种。②与非茄科作物实行2~3年轮作。③在植株上的雨水或露水干后,再整枝打杈。

(4)补救措施 ①发病初期,喷洒47%春雷·王铜可湿性粉剂600倍液,或50%琥胶肥酸铜可湿性粉剂400~500倍液,或77%氢氧化铜可湿性粉剂400~500倍液,或25%络氨铜水剂500倍液,或72%硫酸链霉素可溶粉剂4 000倍液,或硫酸链霉素·土霉素可湿性粉剂4 000倍液。②及早摘除病果并深埋。

29. 怎样防治番茄细菌性髓部坏死病?

(1)症状识别要点 该病主要危害茎部和分枝。初发病株上中部叶片失水萎蔫,少数小叶片边缘褪绿,严重时其上部叶片亦褪绿和萎蔫,后黄枯。多从茎下部开始发病,病茎表面初生褐色至黑褐色病斑。病斑表皮变硬。纵剖病茎,多在茎蔓外部无病变的位置可见髓部变为黑褐色或坏死,无腐臭味(可与软腐病区别),而髓部病变处茎,其外又长出很多不定根。当茎蔓上、下均发病时,常造成病株萎蔫或全株枯死。病程进展缓慢,约 20 天。空气湿度大时,从病茎伤口处或不定根处溢出黄褐色黏液(可与溃疡病区别)。

(2)发生规律 由细菌侵染所致,多在青果期发病。一般在 4~6 月份遇夜低温或高湿天气(如降雨)易发病,连作地、排水不良、施氮肥过量的地块发病重。

(3)预防措施 ①与非茄科蔬菜实行 2~3 年轮作,避免与苜蓿连茬或邻茬。②施用腐熟有机肥,不偏施氮肥,适量增施磷、钾肥。③雨后及时排出田间积水。④在植株上的雨水或露水干后,再整枝打杈。

(4)补救措施 ①及时拔除初发病株,装袋运至田外深埋或烧毁。②发病初期,用 50%琥胶肥酸铜可湿性粉剂 500 倍液,或 77%氢氧化铜可湿性粉剂 400~500 倍液,或 14%络氨铜水剂 300 倍液,或 1∶1∶200 波尔多液,全田喷雾。

30. 怎样防治茄子黄萎病?

(1)症状识别要点 该病又称为半边疯、黑心病等,主要危害根部。初发病株在晴天出现萎蔫,早晚和阴天尚能恢复正常,病重后便不再恢复正常,直至病株枯死。发病初期植株下部至中部叶片,近叶柄处褪绿变黄褐色,逐渐整个叶片脉间大部变褐色,严重时叶片边缘向上卷曲,仅叶脉两侧稍有淡绿色,最后干枯脱落。有些植株发病后，引起半边植株叶片皱缩凋萎变黄，或半张叶片皱缩变黄，使叶片向一边扭曲；也有的病株矮小，分枝靠近，不舒展，叶片浓绿、皱缩或部分变黄；病株果实小、质地硬。剖检病株的根茎部，可见维管束变成暗褐色，用手挤压病根茎的横切面处，无淘米水状混浊液渗出。

(2)发生规律 由真菌侵染所致。以结果初期发病最盛，除危害茄子外，还危害番茄、马铃薯、辣椒、白菜、瓜类、蚕豆等。气温在19℃～24℃，土壤潮湿或多雨时，易发病，气温超过28℃病害受到抑制。多年连作、地势低洼、地温偏低、土质黏重、施用了未腐熟的有机肥、用冷水浇灌、线虫为害等，可加速病害发生蔓延。

(3)预防措施 ①宜选砂壤土种茄子，并与非茄科蔬菜实行4年以上轮作。②用50%克菌丹可湿性粉剂或80%福美双可湿性粉剂拌种，用药量为干种子重量的0.2%。③用50%多菌灵可湿性粉剂500倍液浸种2小时后，捞出水洗3次，再催芽播种。④每平方米苗床用50%多菌灵可湿性粉剂8克，与15千克干细土拌匀，播种时下铺上盖。⑤每667平方米用腐熟厩肥5 000千克加氮磷钾复合肥30千克作基肥，实行地膜覆盖垄作，在10厘米深处地温高于15℃时栽苗。⑥栽苗(定植)前，每667平方米用50%多菌灵可湿性粉剂3～5千克，与30～50千克干细土拌匀撒施，翻耙到15厘米深的土层中；或往定植穴内施1∶50的多菌灵药土。⑦定植后晴天浇水，采收期应小水勤浇，地温不低于15℃。⑧在农事操作过程中，要避免伤根。

(4)补救措施 ①苗床期发病，用50%多菌灵可湿性粉剂1 000倍液灌根。②定植后初现病株时，用50%甲基硫菌灵可湿性粉剂500倍液，或50%琥胶肥酸铜可湿性粉剂350倍液，或50%多菌灵可湿性粉剂500～1 000倍液，或50%苯菌灵可湿性粉剂1 000倍液，或50%硫磺·甲硫灵可湿性粉剂500倍液，或100毫克/升的农抗120药液等灌根，可在病株茎基部挖一浅穴，每穴浇药液 0.3～0.5 升，待药液渗下后再覆土。③定植后，可用 50%多菌灵可湿性粉剂 500～1 000 倍液全株喷洒。④清理田间病残体（含根茬），运至田外深埋或烧毁。

(5)注意事项 茄子枯萎病亦由真菌侵染所致，多在成株期发病，病株叶片自下向上变黄枯萎，开始为叶脉变黄，后叶缘变黄，发展到全叶变黄枯萎而死，症状多表现在第一、二分枝上。剖检病株的根茎部，可见维管束变成深褐色。该病易与黄萎病症状混淆，其预防措施和补救措施可参照黄萎病。

31. 什么是茄子褐纹病？怎样防治？

(1)症状识别要点 该病又称为褐腐病、腐病等，主要危害果实、茎秆、叶片等。若幼苗期染病，多在茎基部出现褐色至黑褐色凹陷病斑，病苗出现猝倒或立枯症状，病部生有小黑点。若成株期发病，病叶（下部叶先发病）初有水浸状小斑点，后扩展成圆形或多角形灰白色至浅褐色病斑，边缘深褐色，其上生有小黑点，有时开裂；茎部发病，多位于基部，形成圆形或梭形灰白斑，边缘深褐色，病部凹陷，并生有暗褐色小斑点，严重时许多病斑融合成一片坏死区，皮层脱落露出木质部，植株遇风易折倒；果实发病，表皮产生圆形或近圆形病斑，变褐凹陷，生有排列成多层轮纹状的小黑点，高温高湿时病果迅速腐烂，干燥时呈干腐状留于枝头。

(2)发生规律 由真菌侵染所致。只危害茄子，留种田受害重于菜田。气温在 28℃～30℃、空气相对湿度在 82%以上时，病害易流行；高温多雨，土壤黏重，地势低洼排水不良，多年连作，幼苗长势弱，栽植过密，偏施氮肥或缺肥等，发病较重。

(3)预防措施 ①根据条件选用抗病品种，一般长茄品种比圆茄品种抗病，白（绿）茄品种比紫茄品种抗病。②用温水浸种。③用葱、蒜田土或粮田土育苗；或每平方米苗床用 50%福美双可湿性粉剂 8～10 克，掺拌 2 千克细干土，分别垫底和覆种。④采取

3～5年轮作，起垄栽培、覆盖地膜，合理密植。⑤不可大水漫灌，连雨天注意排水，雨后地干后及时中耕。

(4)补救措施 ①在发病初，用40%琥铜·甲霜灵可湿性粉剂700倍液，或58%甲霜·锰锌可湿性粉剂500倍液，或65%代森锌可湿性粉剂500倍液，或64%噁霜·锰锌可湿性粉剂500倍液，或70%代森锰锌可湿性粉剂500倍液，或75%百菌清可湿性粉剂600倍液等，进行喷药。②及时清除田间病残株体，运到田外深埋或烧毁。

32. 发生茄子绵疫病后该怎么办?

(1)症状识别要点 该病又称为掉蛋、水烂、烂茄子等，主要危害果实、叶片、茎秆、(幼苗)根茎部等。若幼苗期染病，病苗可猝倒。若果实染病，近地面的果实先发病，受害果实上初现水浸状稍有凹陷的圆形斑点，后扩大可遍及全果，病部果肉变成黑褐色腐烂，空气湿度大时病部长出茂密的白色棉絮状霉层，病果易脱落，在地面很快腐烂，有时候病果也可挂在枝头，失水形成僵果，长茄品种多在果实中部发病。若叶片染病，出现水浸状褐色至红褐色不规则或近圆形病斑，其上有较明显的轮纹，而边缘不明显。若茎部发病，发病处出现水浸状暗绿色或紫褐色病斑，病部缢缩，重者病部以上枝叶萎蔫，空气湿度大时，茎叶上发病处可长出稀疏的白霉。

(2)发生规律 由真菌侵染所致。长茄品种易感病。除危害茄子外，还危害辣椒、番茄等。气温在28℃～30℃、空气相对湿度在80%以上时，病害易流行。低洼下湿地，土质黏重地，雨后被水淹地等，易发病。枝叶过密，连茬，管理粗放杂草多，红蜘蛛为害重时，发病重。

(3)预防措施 ①尽量选用圆茄品种，与豆类、瓜类等蔬菜实行3年以上轮作。②选择地势较高、排灌方便的地块，或采用小高畦地膜覆盖栽培。③施足腐熟有机肥作基肥，适当增施磷、钾肥。④在植株生长中后期，选晴天上午露水干后，适量剪除过多的枝条，打掉植株下部的老叶。⑤进入结果期后，每隔7天左右适量浇一次水，不可大水漫灌，田间不可积水。浇水前应注意天气预报，避免浇地后遇降雨。在夏季暴雨后，应用井水串浇。

(4)补救措施 ①及早摘除病果、病叶，若有落地病果，也应捡起，均装袋运到田外深埋。②初发病时，用75%百菌清可湿性粉剂500倍液，或58%甲霜·锰锌可湿性粉剂400～500倍液，或50%琥铜·甲霜灵可湿性粉剂500倍液，或64%噁霜·锰锌可湿性粉剂500倍液，或72%霜脲·锰锌可湿性粉剂500～750倍液，或86.2%氧化亚铜可湿性粉剂500倍液，或1∶1∶200波尔多液喷洒植株，重点喷洒果实和地面。③在茄子拉秧后，全面清理田间病残体(含根茬)，运到田外深埋或烧毁。

33. 怎样避免茄子褐色圆星病的发生？

(1)症状识别要点 该病主要危害叶片。病叶上初生褐色或红褐色小斑点，后期病斑中央褪为灰褐色，边缘仍为褐色或红褐色，最外为黄白色圈，直径为1～6毫米；空气湿度大时，病斑上可稍见淡灰色霉层。病害严重时，病斑中央破裂，病叶上布满病斑，病斑互相连接成片，叶片易破碎、早脱落。

(2)发生规律 由真菌侵染所致，开花结果期易感病。温暖、多湿(多雨、多雾、多露水等)天气易发病；连作地，地势低洼排水不良地，土质黏重地，土质偏酸地，偏施氮肥地，种植过密地等，发病重；北方在7～8月份发病重，南方周年可发病。

(3)预防措施 ①用50%多菌灵可湿性粉剂或40%福美双可湿性粉剂拌种，用药量为种子重量的0.4%。②种植地选择地势较高处，采用地膜覆盖高畦栽培，合理密植。③轮作。

(4)补救措施 ①发病初期，用36%甲基硫菌灵悬浮剂500

倍液，或50%苯菌灵可湿性粉剂1500倍液，或40%硫磺·多菌灵悬浮剂600倍液，或50%硫磺·甲硫灵悬浮剂500倍液，或80%代森锰锌可湿性粉剂400～500倍液喷雾。在药液中加入0.1%～0.15%洗衣粉或混入27%高脂膜乳剂200～300倍液，可提高防治效果。②及时清除病残体，运至田外烧毁或深埋。

34. 茄子黑枯病会出现什么症状？怎样防治？

(1)症状识别要点 该病主要危害叶片、茎、果实等。病叶上初生紫黑色圆形小斑点，扩展后形成圆形或不规则形病斑，直径5～10毫米，周缘紫黑色，中央稍浅些，发病重时可造成落叶；叶片基部发病，可使叶片枯死，在茎上也能产生病斑。果实发病，多在萼部或果顶部形成红褐色病斑，病部下凹或龟裂。空气湿度大时，病部可产生暗褐色霉层。

(2)发生规律 由真菌侵染所致。气温在20℃～25℃、多雨时，发病重。

(3)预防措施 ①用温水浸种。②用50%福美双可湿性粉剂拌种，用药量为种子重量的0.2%。③田间不可大水漫灌，雨季要注意排出积水。④合理密植，及时摘除下部老叶。

(4)补救措施 ①发病初期，用50%甲基硫菌灵可湿性粉剂500倍液，或50%多菌灵可湿性粉剂600倍液，或50%硫磺·甲硫灵悬浮剂500倍液，或50%苯菌灵可湿性粉剂1500倍液，或58%甲霜·锰锌可湿性粉剂400～500倍液，全田喷雾。②及时摘除初发病叶，收获后彻底清洁田园。

35. 怎样防治茄子果实病害？

茄子果实在成熟过程中，会受到多种病害的危害，为减少损失，应采取措施防治。第一，适时适量浇水，避免田间积水，在夏季暴雨后，应用井水串浇。第二，适时疏枝、打老叶。第三，避免果实上出现虫伤、螨伤、裂口、日灼伤等伤口。第四，适时采收，并及早摘除病残果深埋。第五，针对具体病害，对症采取药剂防治，以减少在运输或贮藏过程中烂果。

茄果病害主要有以下几种。

(1)炭疽病 ①发生规律与症状识别要点：该病由真菌侵染所致，主要危害近成熟或成熟果实。在高温高湿条件下，该病易发生；地势低洼、土质黏重、排水不良、种植过密、施肥不足或施氮肥过多、果实表面伤口多，发病重。病果上出现近圆形、椭圆形或不规则形黑褐色稍凹陷病斑，病斑生有黑色小点，空气湿度大时可溢出红褐色黏胶物。病斑可相互连接成大病斑，严重时造成果实腐烂。本病出现的红褐色黏胶物症状可与茄褐纹病相区别。②防治措施：发病初期，用80%福·福锌可湿性粉剂800倍液，或70%甲基硫菌灵可湿性粉剂600～800倍液，或50%苯菌灵可湿性粉剂1500倍液，或50%硫磺·多菌灵悬浮剂600倍液，或50%硫磺·甲硫灵悬浮剂500倍液，或50%咪鲜·氯化锰可湿性粉剂1000～2000倍液喷雾。

(2)致病疫霉果实疫病 ①发生规律与症状识别要点：该病由真菌侵染所致，主要危害果实。气温在28℃～30℃，高湿、多雨时发病重；连茬种植、地势低洼、排水不良、种植过密、施氮肥过多，易发病；在贮运过程中，果实堆积过多、贮存时间过长，可加重病害的蔓延。病果上初出现直径1厘米大小的圆形至椭圆形凹陷病斑，后变褐软腐，病情扩展快，空气湿度大时病部长出较长的白色绵毛状物(可与绵疫病区别)，病果易脱落；在贮运过程中，病部有时长出灰褐色霉状物。②防治措施：在当地雨季来临前，用77%氢氧化铜可湿性粉剂500倍液，或30%碱式硫酸铜可湿性粉剂300～400倍液，全田喷洒。在发病初期，用58%甲霜·锰锌可湿性粉剂500倍液，或50%琥铜·甲霜灵可湿性粉剂600倍液，或64%噁霜·锰锌可湿性粉剂500倍液，或72%霜脲·锰锌可湿性粉剂 800～1 000 倍液，全田喷洒。在果实贮运过程中，注意通风、降温、排湿，及早拣出有病果实。

(3)根霉果腐病 ①发生规律与症状识别要点：该病由真菌侵染所致，主要危害幼果和成熟果实。气温在 23℃～28℃、空气相对湿度在 80%以上时，易发病；高湿、多雨，大水漫灌，枝条过密，果实上伤口多，发病重。病果上初生水浸状褐色斑，后迅速扩展到整个果实，致果实、果柄变褐软化腐败，空气湿度大时病部表面长出灰白色霉层，后出现黑色毛状霉，似大头针状，病果多脱落，个别干缩成僵果挂在植株上。②防治措施：在发病初期，用 30%碱式硫酸铜悬浮剂 400～500 倍液，或 77%氢氧化铜可湿性粉剂 500 倍液，或 50%琥胶肥酸铜可湿性粉剂 500 倍液，或 14%络氨铜水剂 300 倍液，或 50%硫磺·甲硫灵悬浮剂 500 倍液，或 36%甲基硫菌灵悬浮剂 600 倍液，或 56%氧化亚铜水分散粒剂 700～800 倍液，或 47%春雷·王铜可湿性粉剂 800～1 000 倍液，全田喷洒。

(4)交链孢果腐病 ①发生规律与症状识别要点：该病由真菌侵染所致，主要危害成熟果实。高湿，多雨，多露水，易发病；果实上伤口多，发病重。果实表面的日灼处或裂口处易发病。受害处变为褐色，逐渐发硬、凹陷，变成黑色斑，长出短绒毛状的黑色霉层。②防治措施：在发病初期，用 75%百菌清可湿性粉剂 600 倍液，或 50%异菌脲可湿性粉剂 1 000～1 500 倍液，或 58%甲霜·锰锌可湿性粉剂 500 倍液，或 64%噁霜·锰锌可湿性粉剂 400 倍液，全田喷洒。

(5)软腐病 ①发生规律与症状识别要点：该病由细菌侵染所致，主要危害果实。气温在 25℃～30℃，果实上伤口多，发病重。病果上初生水浸状斑，后果实外皮尚保持完整，但内部果肉则变褐腐烂，有恶臭味，进而果皮变褐，渐失水干枯，脱落或成僵果悬挂在枝上。②防治措施：发病初期，用 72%硫酸链霉素可溶粉剂

4 000 倍液，或 47%春雷·王铜可湿性粉剂 800～1 000 倍液，或 30%碱式硫酸铜悬浮剂 400 倍液，或 50%琥胶肥酸铜可湿性粉剂 500 倍液，或 77%氢氧化铜可湿性粉剂 500 倍液，全田喷洒。

36. 茄子叶部发生病害后该怎样防治?

保护叶片免受病害，是一项重要的田间管理内容。第一，采用温水浸种。第二，与非茄科蔬菜实行 2～3 年轮作，采用地膜覆盖高畦种植。第三，采用测土配方施肥技术，合理施用氮、磷、钾肥。第四，合理密植，及时疏枝和摘除下部老叶。第五，针对具体病害，对症采取药剂防治。

(1)霜霉病 ①发生规律与症状识别要点：该病由真菌侵染所致，主要危害叶片。昼暖夜凉、多雨高湿天气易发病，环境条件适宜，可周年辗转危害。病叶初生近水渍状斑，后变为黄褐色，受叶脉限制而呈角状斑，潮湿时病斑上出现稀疏的白色霜状霉，但天气干燥时一般不出现。②防治措施：从发病初期，用 40%三乙膦酸铝可湿性粉剂 200 倍液，或 58%甲霜·锰锌可湿性粉剂 500 倍液，或 64%噁霜·锰锌可湿性粉剂 500 倍液，或 60%琥铜·乙膦铝可湿性粉剂 800 倍液，或 25%甲霜灵可湿性粉剂 600 倍液，或 65.5%霜霉威盐酸盐水剂 700～1 000 倍液喷雾。

(2)褐斑病 ①发生规律与症状识别要点：该病又称为叶点病，由真菌侵染所致，主要危害植株生长中后期的中下部叶片。气温在 24℃～28℃、空气相对湿度在 85%以上时，易发病；连阴雨天、多雾天，病害易流行。病叶初生水浸状褐色小斑点，逐渐扩展成不规则形或近圆形大小不等的病斑。病斑边缘呈褐色或深褐色，中央呈灰褐色至灰白色并散生有许多小黑点，在其周围有一圈较宽的褪绿晕圈，病斑颜色较鲜亮；严重时病斑连接成大斑或叶面布满病斑，造成病叶早枯或脱落。②防治措施：发病前，用 25%嘧菌酯悬浮剂 1 500 倍液喷雾预防。发病初期，用 75%百菌清可湿性粉剂 600 倍液，或 10%苯醚甲环唑水分散粒剂 1 500 倍液，或 80%代森锰锌可湿性粉剂 600 倍液，或 58%甲霜·锰锌可湿性粉剂 500 倍液，或 64%噁霜·锰锌可湿性粉剂 500 倍液喷雾。

(3) 赤星病 ①发生规律与症状识别要点：该病由真菌侵染所致，主要危害叶片。温暖潮湿，连阴雨天多的年份或地区，易发病。病叶上初褪绿，出现苍白色至灰褐色小病斑，逐渐扩展成直径 3～8 毫米、中心暗褐色至红褐色、边缘褐色的圆形病斑，上有很多呈轮纹状排列的黑色小粒点。病斑背面黄褐色，后期病斑相互融合成不规则形大斑，易破裂穿孔。②防治措施：发病初期，用 75%百菌清可湿性粉剂 600 倍液，或 58%甲霜·锰锌可湿性粉剂 500 倍液，或 64%噁霜·锰锌可湿性粉剂 500 倍液，或 50%苯菌灵可湿性粉剂 1 500 倍液，或 70%乙铝·锰锌可湿性粉剂 500 倍液，或 40%琥铜·甲霜灵可湿性粉剂 600～700 倍液喷雾。

(4) 斑枯病 ①发生规律与症状识别要点：该病又称为斑点病，由真菌侵染所致，主要危害叶片。气温在 22℃～26℃、空气相对湿度在 92%～94%时，易发病，若空气相对湿度不够条件，则不发病。多雨天，雨后转晴天，植株缺肥、长势弱，易发病。病叶背面初生水浸状小圆斑，逐渐扩展到叶片正面。叶片上的病斑为圆形或近圆形，边缘深褐色，中间灰白色，略凹陷，病斑直径 1.5～4.5 毫米，后期斑面上散生许多黑色小粒点。②防治措施：发病初期，用 75%百菌清可湿性粉剂 600 倍液，或 58%甲霜·锰锌可湿性粉剂 500 倍液，或 64%噁霜·锰锌可湿性粉剂 400～500 倍液，或 50%硫磺·甲硫灵悬浮剂 800 倍液，或 80%代森锰锌可湿性粉剂 800 倍液喷雾。

(5) 细轮纹病 ①发生规律与症状识别要点：该病由真菌侵染所致，主要危害叶片。云南省 8 月份发病。冬季田间病残体清理不彻底，排水不良，偏施氮肥，易发病。病叶上初生褐色至深褐色轮纹状病斑，直径 5～10 毫米。病斑上的轮纹细密，从叶背面看病斑不明显，此点可与早疫病和褐轮纹病区别。②防治措施：发病初期，用75%百菌清可湿性粉剂600倍液，或50%苯菌灵可湿性粉剂1 500倍液喷雾。

(6)褐轮纹病 ①发生规律与症状识别要点：该病又称为茄轮纹灰心病，由真菌侵染所致，主要危害叶片。一般在春、夏季的阴湿地易发病。病叶上初生褐色至暗褐色圆形病斑，直径2～15毫米，有同心轮纹，后期病斑中心变为灰白色，病斑易破裂或穿孔。②防治措施：发病初期，用75%百菌清可湿性粉剂600倍液，或50%甲基硫菌灵悬浮剂700～800倍液，或70%代森锰锌水分散粒剂500倍液，或50%硫磺·甲硫灵悬浮剂500倍液喷雾。

37. 怎样防治甜(辣)椒病毒病？

(1)症状识别要点 该病引发的症状类型较复杂，常见的有以下几种。①花叶型：轻花叶株，仅在叶片上出现浓绿色与淡绿色的花斑(对光看更明显)症状，病株矮化不明显；重花叶株，出现花斑症状，病株矮化，生长缓慢，果实变小。②黄化型：病株叶片明显黄化，叶片脱落。③坏死型：病株的叶片主脉、侧枝、主茎等处，出现褐色或黑色坏死条斑，造成落叶、落花、落果，严重时整株枯死。④畸形型：初发病株心叶叶脉褪绿，逐渐形成深浅不均的斑驳，叶面皱缩，以后病叶增厚，产生黄绿相间的斑驳或大型黄褐色坏死斑，叶缘向上卷曲，幼叶狭窄、严重时呈线状，后期植株上部节间短缩呈矮化状，重病果果面有绿色不均的花斑和疣状突起。⑤混合型：多种症状类型出现在同一病株上，危害较重。

(2)发生规律 由病毒侵染所致，除危害甜(辣)椒外，还可危害数百种作物。高温干燥，有大量蚜虫存在，发病重；另外，连茬地、田间杂草多，土壤肥力不足，钙、钾缺乏，偏施氮肥，土壤黏重，低洼地，定植时苗龄过小等，易诱发病毒病。

(3)预防措施 ①根据种植季节、发病特点等，选用抗病品种。

②用10%磷酸三钠溶液浸种20～25分钟，捞出用清水冲洗3次后催芽播种。③从幼苗出土到门椒坐果期间，采取银灰色膜避蚜、黄板诱蚜、喷药等措施防治蚜虫。④轮作，或与玉米、架豆等间作。⑤在幼苗期、栽苗期、结果期、盛夏后，用0.1%硫酸锌溶液各喷1次。⑥栽苗前15天、前2天，栽苗后15天，用10%混合脂肪酸水剂100倍液，各喷1次。

(4)补救措施 ①早拔除初发病株，装袋运到田外深埋或烧毁。②发病初期，用20%吗胍·乙酸铜可湿性粉剂500倍液，或1.5%烷醇·硫酸铜水乳剂1 000倍液，或0.5%菇类蛋白多糖水剂200～300倍液，全田喷洒。③拉秧后，应清理干净病残体，运到田外深埋或烧毁。

38. 什么是甜(辣)椒疫病？怎样防治？

(1)症状识别要点 该病危害茎秆、果实、叶片等。若幼苗染病，茎基部产生水渍状暗绿色病斑，病部逐渐呈褐色缢缩，病苗枯萎而死，或病部软腐，病苗猝倒而死，潮湿时病部长出白霉；幼苗叶片产生直径2～3厘米近圆形病斑，其边缘为黄绿色、中间为暗褐色，后病叶干枯脱落。若成株期染病，茎基部初产生水渍状病斑，很快扩展成暗褐色或黑色略凹陷病斑，病斑可环绕茎一周后形成缢缩或顺茎向上发展，使植株萎蔫至枯死，潮湿时病部生长稀疏白霉；枝、茎(多在分杈处)发病时，形成黑褐色条斑，病斑绕枝、茎一周后，病部以上枝叶很快凋萎；果实多在果蒂处先发病，初为水渍状暗绿色病斑，逐渐向果面、果柄处扩展，很快变褐软腐，潮湿时长出稀疏白霉，病果脱落或失水形成僵果挂在枝上。

(2)发生规律 由真菌侵染所致。气温在25℃～30℃、空气相对湿度在85%以上时，易发病。连茬种植，种植过密，雨季来得早，降雨量大，大水漫灌，菜田高低不平，平畦种植，高温干旱天突然降雨或灌水，大雨后骤晴，均易诱发病害。

(3)预防措施 ①选用抗病品种,并用温水浸种。②每平方米苗床用58%甲霜·锰锌可湿性粉剂8～10克,与4～5千克细干土拌匀制成药土,播种时下垫上盖。③与非茄科蔬菜实行2～3年轮作,选地势较高地,采用深沟高畦或高垄适度密植。④定植前,每667平方米用50%琥铜·甲霜灵可湿性粉剂400～500克,配成药土,穴施或沟施。⑤看天、看地、看甜(辣)椒长势,适量浇水,高垄栽培水不要漫过垄台;若大雨后骤晴,及时"涝浇园"。⑥夏季高温季节,不宜追施人粪尿。⑦发病前,用50%琥铜·甲霜灵可湿性粉剂800倍液,或1∶1∶200波尔多液,喷洒叶面、茎基部及附近地面;或每667平方米用3千克硫酸铜随水浇灌。

(4)补救措施 ①田间发现中心病株时,应立即进行药剂防治。用50%琥铜·甲霜灵可湿性粉剂800倍液,或64%嗯霜·锰锌可湿性粉剂500倍液,或60%琥铜·乙膦铝可湿性粉剂600倍液,或58%甲霜·锰锌可湿性粉剂500倍液等喷洒或灌根。③及早拔除初发病株,及时清除田间病残体,均运到地外深埋或烧毁。

39. 怎样避免甜(辣)椒炭疽病的发生?

(1)症状识别要点 该病危害果实、叶片等。病叶初生浅绿色水浸状斑点,后扩大变成褐色近圆形病斑、中央灰白色,上轮生小黑点,病叶上病斑多时,易脱落。果实染病,出现水浸状灰褐色至褐色稍凹陷病斑,呈长圆形或不规则形,后期病斑上生有黑色小点(黑色小点有大小两种类型)或橙红色小点组成的同心轮纹,潮湿时可溢出红色黏液,干燥时病斑呈灰白色收缩如薄纸,或破裂。

(2)发生规律 由真菌侵染所致。气温在27℃左右、空气相对湿度在95%以上时,露地高温连雨天,易发病。连茬地,易涝黏重地,氮肥过剩或施肥不足地,种植过密,果实受伤(如日灼果),病毒病重等,易发病。

(3)预防措施 ①辣味重的品种较抗病,与瓜类或豆科作物实行2～3年轮作。②用温水浸种。③用营养钵育苗，采用单穴双株种植。④进入结果期后，叶面喷施0.2%磷酸二氢钾溶液，还可加入0.3%尿素后喷施。⑤预防病毒病、日灼果等的发生。

(4)补救措施 ①发病初期，用80%福·福锌可湿性粉剂800倍液，或50%甲基硫菌灵可湿性粉剂500倍液，或50%硫磺·甲硫灵悬浮剂500倍液，或70%代森锰锌可湿性粉剂400倍液，或50%多菌灵可湿性粉剂800倍液，或65%代森锌可湿性粉剂500倍液等喷洒。②及早摘除病叶、病果，收获后清除病残物等，均运到地外深埋或烧毁。

(5)注意事项 甜(辣)椒黑霉病和黑斑病亦危害果实。①甜(辣)椒黑霉病由真菌侵染致病，主要危害果实，其症状可分为2种。第一种先从果顶或果面发病，初病部颜色变浅，无光泽，果面逐渐收缩，生有茂密的墨绿色或黑色绒状霉；第二种病果上出现浅褐色不规则病斑，有10～26毫米大小，多在日灼伤口发病，病斑变薄下陷，后逐渐长出黑霉，空气湿度大时，黑霉扩展可布满整个病斑，多个病斑可相互连接成大病斑。②甜(辣)椒黑斑病由真菌侵染致病，主要危害果实，病果上初出现淡褐色不规则稍凹陷病斑，一个病果上多生一个大病斑，直径10～20毫米，上生黑色霉层。这两种病的预防措施和补救措施均可参照炭疽病。病重时，用75%百菌清可湿性粉剂600倍液，或58%甲霜·锰锌可湿性粉剂500倍液喷洒。

40. 发生甜(辣)椒叶斑类病害后该怎么办？

保护叶片免受病害，是一项重要的田间管理内容。第一，采用营养钵培育无病壮苗。第二，与非茄科蔬菜实行2～3年轮作，采用地膜覆盖高畦双株种植，雨后及时排出田间积水。第三，采用测土配方施肥技术，合理施用氮、磷、钾肥。第四，及时疏枝和摘除下部老叶，收获后全面清除病残体，均深埋。第五，针对具体病害，对症采取药剂防治。

(1)褐斑病 ①发生规律与症状识别要点：该病由真菌侵染所致，主要危害叶片。苗期就可发病，高温高湿持续时间长，对病害蔓延有利。病叶上初生褐色、后变为灰褐色，表面隆起、周围有黄色晕圈的圆形或近圆形病斑，病斑中央为浅灰色、周围黑褐色，病重时病叶变黄脱落。②防治措施：初发病时，用75%百菌清可湿性粉剂600倍液，或50%硫磺·甲硫灵悬浮剂500倍液，或77%氢氧化铜可湿性粉剂400～500倍液喷雾。

(2)白星病 ①发生规律与症状识别要点：该病又称为斑点病，由真菌侵染所致，主要危害中下部叶片。苗期就可发病，高温高湿下易发病。病叶上初出现圆形或近圆形的小斑点，直径1毫米左右。病斑边缘为深褐色，稍隆起，中央白色或灰白色。病斑上散生黑色小粒点。病斑中间有时脱落形成穿孔。发病严重时1片叶上可有病斑100多个，易落叶。②防治措施：初发病时，用50%琥胶肥酸铜可湿性粉剂500倍液，或77%氢氧化铜可湿性粉剂500倍液，或14%络氨铜水剂300倍液，或1∶1∶200～240波尔多液，全田喷雾。

(3)白斑病 ①发生规律与症状识别要点：该病由真菌侵染所致，主要危害中下部叶片、茎秆。温暖潮湿、阴雨天、多露水，易发病；土壤缺肥、植株生长衰弱，发病重。病叶上初现直径为1～2毫米的小点，边缘呈棕褐色，中央灰白色，略凹陷，尤其在嫩叶上易发生，开始病斑扩展缓慢，后逐渐形成轮纹状，空气湿度大时病斑融合成不规则形斑，引起病叶黄化或脱落；病茎上出现5～10毫米的长病斑。②防治措施：初发病时，用75%百菌清可湿性粉剂600倍液，或50%硫磺·甲硫灵悬浮剂500倍液，或77%氢氧化铜可湿性粉剂400～500倍液喷雾。

(4)叶枯病 ①发生规律与症状识别要点：该病又称为灰斑病、灰叶斑病，由真菌侵染所致，主要危害叶片。气温在21℃～

24℃，雨水大，多露水，发病重。育苗畦内通风不良、偏施氮肥、植株枝叶过密、田间积水等，易发病。在湖南省3月上旬，苗床内可发病，6月中下旬为发病高峰期。先下部叶片发病，向上发展，病叶上初现散生浅褐色小点，很快扩展成近圆形或不规则形病斑，中间为灰白色，边缘深褐色，直径2～4毫米，中央常穿孔，病叶易脱落，注意与炭疽病区别；若发病早而重，在移栽前期病苗叶片脱落得只剩顶部嫩叶。②防治措施：初发病时，用70%代森锰锌可湿性粉剂500倍液，或64%噁霜·锰锌可湿性粉剂500倍液，或50%腐霉利可湿性粉剂1 000倍液，或50%硫磺·多菌灵悬浮剂600倍液全田喷雾。注意雨后及时喷药。

(5)斑枯病 由真菌侵染所致，主要危害叶片。病叶上出现白色至浅灰黄色圆形或近圆形病斑，边缘明显，直径2～4毫米，病斑中央生有许多黑色小粒点。发病条件和药剂防治可参照茄子斑枯病。

(6)叶斑病 ①发生规律与症状识别要点：该病由真菌侵染所致，主要危害叶片。病害常始于苗床期，高温高湿条件易发病。病叶正、背两面出现圆形至近圆形或不规则形病斑，有2～12毫米大小，叶正面病斑呈浅褐色至黄褐色，空气湿度大时，叶背对应部位生有灰黑色至近黑色致密的绒状物，病斑正、背两面均围以暗褐色细线圈，有的在外围还生有浅黄色晕圈。②防治措施：初发病时，用75%百菌清可湿性粉剂500～600倍液，或50%硫磺·多菌灵悬浮剂500倍液，或77%氢氧化铜可湿性粉剂400～500倍液，或50%乙霉·多菌灵可湿性粉剂500倍液喷雾。

(7)霜霉病 ①发生规律与症状识别要点：该病由真菌侵染所致，主要危害叶片、叶柄、嫩茎。气温在20℃～24℃、雨季，发病重。病叶上出现浅绿色不规则形病斑，叶背生有稀疏的白色霉状物，病叶变脆较厚、稍向上卷，后期病叶易脱落；叶柄和嫩茎染病处呈褐色水浸状，也出现稀疏的白色霉状物，注意与白粉病区别。

②防治措施：初发病时，用72%霜脲·锰锌可湿性粉剂800倍液，或60%琥铜·乙膦铝可湿性粉剂500倍液，或90%三乙膦酸铝可湿性粉剂500倍液喷雾。

41. 怎样防治甜(辣)椒疮痂病?

(1)症状识别要点 该病又称为细菌性斑点病、落叶瘟，主要危害叶片、茎秆和果实。病叶初生许多水渍状黄绿色小斑点(对光看更明显)，后呈不规则形，边缘暗绿色、稍隆起，中间淡褐色，稍凹陷，表皮呈粗糙的疮痂状病斑。病斑直径0.5～1.5毫米，可相互连结成大病斑。若沿叶脉处发生病斑时，常使叶片变成畸形。病重叶片边缘、叶尖变黄，干枯脱落。病茎上初生水渍状不规则形的条斑，后木栓化隆起，纵裂呈疮痂状。病果上初生褐色或黑色隆起的小点，后扩大为稍隆起的圆形或长圆形的黑色疮痂病斑。

(2)发生规律 由细菌侵染所致，除危害甜(辣)椒外，还危害番茄。气温在27℃～30℃、多雨时，发病重。地势低洼，排水不良，植株过密，生长衰弱时，易发病。

(3)预防措施 ①与非茄科蔬菜实行2～3年轮作，采用高畦种植。②先用冷水浸种2～3小时，再用50℃温水浸种30分钟，然后放入冷水中冷却，捞出晾干催芽播种。③在苗床期，间隔15天左右，共喷2次150毫克/升的硫酸链霉素·土霉素(新植霉素)药液。④注意选择浇水时机，避免浇后遇雨。⑤进入发病期后，在浇水前和降雨后，可酌情喷药。

(4)补救措施 ①发病初期，用72%硫酸链霉素可溶粉剂4000倍液，或硫酸链霉素·土霉素可湿性粉剂4000～5000倍液，或47%春雷·王铜可湿性粉剂500倍液，或14%络氨铜水剂400倍液，或77%氢氧化铜可湿性粉剂500倍液，全田喷雾。②拉秧后，及时清除病残体，运到田外深埋或烧毁。

(5)注意事项 注意本病与细菌性叶斑病相区别。甜(辣)椒细菌性叶斑病由细菌侵染所致，主要危害叶片。气温为25℃～28℃、高湿时发病快；排水不良地，缺肥地，病害严重。成株期病叶上初生水浸状黄绿色不规则形小斑点，扩大后变为红褐色或深褐色至铁锈色，病斑膜质，大小不等，干燥时病斑多呈红褐色。该病侵染后，很快扩展，一株上个别叶片或多数叶片发病，植株仍可生长，严重时叶片大部分脱落。细菌性叶斑病病健交界处明显，但不隆起，可与辣椒疮痂病区别。预防措施和补救措施同甜(辣)椒疮痂病。

三、瓜类蔬菜病害

42. 怎样避免发生黄瓜霜霉病?

(1)症状识别要点 该病又称为跑马干、干叶子、黑毛、瘟病等,主要危害叶片。幼苗子叶受害,初出现褪绿,逐渐呈枯黄不规则病斑,潮湿时背面产生灰黑色霉层,子叶很快变黄枯干;成株期病叶片先出现水浸状浅绿色斑点,扩大后受叶脉限制呈黄褐色多角形病斑,空气湿度大时,叶片背面有灰黑色霉层(此霉层可与细菌性角斑病区别)。病叶由下向上发展,严重时病斑互相连接成片,病叶变黄枯死。若选用抗病品种,则病叶上的病斑较小,其数量也少。

(2)发生规律 由真菌侵染所致,除危害黄瓜外,还危害西葫芦、南瓜、冬瓜、丝瓜、苦瓜、笋瓜、瓠瓜、佛手瓜、西瓜、甜瓜等瓜类作物。在气温16℃～24℃、空气相对湿度为80%以上,特别是叶面有水膜时,易发病。降雨次数多,降雨量大,田间湿度大且温度适中,有利于该病的流行。

(3)预防措施 ①选用抗病品种,培育无病苗。②选地势较高处种黄瓜,避免与瓜类作物连作或邻作。③及时摘除老叶、黄叶,带到田外深埋。④雨后或浇水后应及时中耕,结瓜后避免田间积水。⑤施足基肥,结瓜后及时追肥,酌情(如遇连阴天,或植株长势弱等)喷施叶面肥。⑥在易发病期,勤查看,可将可疑叶片对光看,有无水浸状斑点,或在上午9时以前,看叶片背面有无灰黑色霉层。注意在浇水前和降雨后喷药。

(4)补救措施 ①初发现病斑后,用75%百菌清可湿性粉剂500倍液,或40%三乙膦酸铝可湿性粉剂200倍液,或72.2%霜霉威盐酸盐水剂700倍液，或72%霜脲·锰锌可湿性粉剂600～800倍液，或50%甲霜·锰锌可湿性粉剂500倍液，或70%乙铝·锰锌可湿性粉剂500倍液，或69%安克·锰锌可湿性粉剂1000倍液喷雾，注意往叶背面喷药液。②在上午10时以后，摘病叶装袋后，运到田外深埋。

(5)注意事项 防治其他瓜类霜霉病，可参照黄瓜霜霉病。

43. 发生黄瓜叶部病害后该怎么办？

在露地黄瓜生长期内，除霜霉病外，还有多种病害可危害叶片，使受害叶片干枯。预防措施可参照黄瓜霜霉病，还可根据病斑大小、形状、色泽及病斑表面霉层，及早对症用药剂防治。

(1)黑斑病 ①发生规律与症状识别要点：该病又称为叶枯病，由真菌侵染所致，主要危害叶片，除危害黄瓜外，还可危害西葫芦、南瓜、冬瓜、节瓜、丝瓜、金瓜、甜瓜等。气温在25℃～32℃，降雨多或浇水过多，易发病。土壤肥沃，植株长势壮，发病轻。先从植株中下部叶片发病，后逐渐向上扩展，病叶上出现圆形或不规则形病斑。病斑中间黄白色，边缘黄绿色或黄褐色，直径2～5毫米，上生黑色霉或灰褐色霉。叶背病斑呈水渍状，四周明显，且出现褪绿的晕圈。病斑大多出现在叶脉之间，很少生于叶脉上。发病重时，病斑迅速扩大相互连接，造成叶片焦枯、似火烤状，但不脱落。②防治措施：发病初期，用75%百菌清可湿性粉剂600倍液，或50%异菌脲可湿性粉剂1500倍液，或70%代森锰锌可湿性粉剂400倍液，或40%克菌丹可湿性粉剂400～500倍液喷雾。

(2)(瓜类尾孢)叶斑病 ①发生规律与症状识别要点：该病由真菌侵染所致，主要危害叶片，除危害黄瓜外，还可危害苦瓜、丝瓜、南瓜、冬瓜、节瓜、瓠瓜、西瓜等。在高温多雨季易发病。病叶上出现近圆形、长圆形或不规则形病斑，呈褐色至灰褐色，直径0.5～12毫米，但一般较小，散生叶面，边缘明显或不明显，在潮湿环境病斑表面生有灰色霉层。注意与炭疽病初期症状相区别。②防治措施：发病初期，用75%百菌清可湿性粉剂500倍液，或50%硫磺·多菌灵悬浮剂600～700倍液，或50%硫磺·甲硫灵悬浮剂500～600倍液喷雾。

(3)(叶点霉)叶斑病 ①发生规律与症状识别要点：该病又称为斑点病，由真菌侵染所致，主要危害叶片，除危害黄瓜外，还可危害苦瓜、丝瓜、南瓜、冬瓜、节瓜等。在气温25℃～28℃、多雨水天气易发病，在开花结瓜期易感病。病叶上初生水渍状小斑点，叶背尤为明显，后扩展为近圆形或不规则形病斑，直径10～20毫米。病斑边缘淡褐色，中部灰白色，周围具有水浸状淡绿色晕环；后期有的病斑连成大斑，中部淡黄色，质薄，叶缘病斑卷起，易脆裂，潮湿时病部生有少数不明显小黑点，以中、下部叶片发病多。②防治措施：初发病，用75%百菌清可湿性粉剂600倍液，或70%代森锰锌可湿性粉剂500倍液，或40%氟硅唑乳油5 000倍液，或64%噁霜·锰锌可湿性粉剂500倍液，或70%甲基硫菌灵可湿性粉剂1 000倍液与75%百菌清可湿性粉剂1 000倍液混配后喷雾。

44. 怎样识别和防治黄瓜疫病？

(1)症状识别要点 该病又称为卡脖子病、死秧、死藤等，主要危害叶片、茎秆、瓜条等。若苗期受害，嫩梢或嫩茎呈暗绿色水渍状萎蔫，逐渐干枯却不倒伏。若成株期发病，病叶上出现水渍状圆形或不规则形暗绿色病斑，边缘不明显，扩展快，直径可达25毫米，干燥时呈青白色，易破碎；叶柄发病较重时，受害叶片下垂；蔓茎染病，多在茎基部和节部出现水渍状暗绿色病斑，似开水烫过一样，后病部软化明显缢缩，病部以上茎叶逐渐萎蔫枯死，但病茎内维管束不变色；瓜条染病，开始呈水渍状凹陷暗绿色病斑，并很快腐烂如泥，有臭味，空气湿度大时病部生有灰白色稀疏霉层。

(2)发生规律 由真菌侵染所致，除危害黄瓜外，还危害南瓜、冬瓜、西瓜、菜瓜等瓜类蔬菜。在气温25℃～30℃、空气相对湿度95%以上时易发病；夏季高温连雨天，或雨后骤晴时，或盛夏干旱、浇水过多过勤，发病重；大水灌溉，田间积水，施用未腐熟有机肥，植株体表有水滴等，促发病。

(3)预防措施 ①选用抗(耐)病品种，播前用72.2%霜霉威盐酸盐水剂800倍液浸种30分钟，取出用清水冲洗后催芽播种。②育苗时，每平方米苗床用25%甲霜灵可湿性粉剂8克，加适量细干土，拌匀撒于苗床上。③与非瓜类作物实行5年以上轮作，采用垄作或高畦地膜覆盖栽培。④栽苗(定植)前，用25%甲霜灵可湿性粉剂750倍液喷淋地面。⑤看天浇水，避免浇水后遇降雨天。遇连阴雨天，及时排出田间积水并锄地。夏季雷雨后骤晴，及时用井水串浇。夏季可在早晚小水浇地。

(4)补救措施 ①早拔除病株，装袋运到地外深埋或烧毁。②初发病，用72%霜脲·锰锌可湿性粉剂600倍液，或64%噁霜·锰锌可湿性粉剂500倍液，或58%甲霜·锰锌可湿性粉剂500倍液，或72.2%霜霉威盐酸盐水剂600倍液，或50%琥铜·甲霜灵可湿性粉剂600倍液，或40%三乙膦酸铝可湿性粉剂250倍液喷雾。③用50%琥铜·甲霜灵可湿性粉剂600倍液，或58%甲霜·锰锌可湿性粉剂500倍液，或64%噁霜·锰锌可湿性粉剂500倍液，或25%甲霜灵可湿性粉剂800倍液与40%福美双可湿性粉剂800倍液混配后灌根。

(5)注意事项 黄瓜灰色疫病也由真菌侵染所致，除危害黄瓜外，还危害南瓜、西瓜、辣椒、番茄、茄子等蔬菜。该病同样危害黄瓜的叶片、茎秆、瓜条等，产生的症状与黄瓜疫病的症状区别不大，只是灰色疫病危害瓜条时，病部生有污白色紧密的天鹅绒状霉。发生规律与黄瓜疫病相似，预防措施和补救措施可参照黄瓜疫病。

45. 什么是黄瓜炭疽病？怎样防治？

(1)症状识别要点 该病主要危害瓜条、叶片、茎蔓等。若幼苗发病，子叶边缘出现褐色半圆形稍凹陷病斑，上有黑色小点，或有淡红色黏稠状物；病重者，近地面茎基部逐渐变为黄褐色缢缩，瓜苗猝倒。若成株期发病，叶片上病斑初为水渍状小斑点，后扩大成近圆形，大小(直径0.5～3厘米)不等，很快干枯呈红褐色，边缘有黄色晕圈，常有几个小病斑连成不规则的大型斑，病斑上轮生黑色小点，潮湿时病斑产生粉红色黏稠状物，干燥情况下病斑常开裂、穿孔。茎和叶柄上的病斑为椭圆形或梭形，深褐色，稍凹陷。瓜条上的病斑圆形，褐色，稍凹陷，中部开裂，后期病斑上产生粉红色黏稠物。

(2)发生规律 由真菌侵染所致，除危害黄瓜外，还危害西瓜、甜瓜、冬瓜、苦瓜、瓠瓜、笋瓜、西葫芦、南瓜等。气温在22℃～27℃、空气相对湿度在85%以上时，易发病。低洼地，施用过量氮肥地，植株徒长地，多年连作地，均有利于发病。老熟瓜条比幼嫩瓜条易发病。

(3)预防措施 ①用50℃温水浸种30分钟，取出冷却后催芽播种。②每平方米苗床用50%福·福锌可湿性粉剂或50%福美·拌种灵可湿性粉剂8克，与10千克细干土拌匀制成药土，撒入苗床内灭菌。③种植地应选在地势较高处，与非瓜类作物实行3年以上轮作，采用地膜覆盖栽培。④进入雨季后控制浇水，雨后及时排出田间积水。⑤在叶面露水干后，再进行农事操作。

(4)补救措施 ①发病初期，用50%多菌灵可湿性粉剂500倍液，或50%甲基硫菌灵可湿性粉剂500倍液，或75%百菌清可湿性粉剂600倍液，或65%代森锌可湿性粉剂500倍液，或80%福·福锌可湿性粉剂600～800倍液，或70%代森锰锌可湿性粉剂400倍液喷雾。②及时清除病株残体及病瓜、病叶，深埋或烧毁。

(5)注意事项 ①当叶片上炭疽病病斑有0.5厘米大时，易与细菌性角斑病的症状混淆，注意区别。②防治其他瓜类炭疽病，可参照黄瓜炭疽病。

46. 黄瓜黑星病会出现什么样症状？怎样防治？

(1)症状识别要点 该病又称为疮痂病，主要危害叶片、茎秆、瓜条等。若苗期染病，子叶上产生黄白色近圆形病斑，逐渐腐烂，重者苗枯死；生长点受害呈黑褐色腐烂，形成秃桩。若成株期染病，病叶开始产生褪绿近圆形斑点，逐渐形成直径2～5毫米的圆形或近圆形黄褐色病斑，病斑扩大并很快干枯开裂或脱落后留下暗褐色星纹状边缘；茎和叶柄病部先呈水渍状褪绿，后变为污绿色或暗褐色，病斑长条状、凹陷，表面龟裂，潮湿时病部生黑色霉层，最后腐烂，引起植株萎蔫；嫩瓜条病斑呈暗绿色，凹陷，后期龟裂或腐烂。空气湿度大时，各病部可产生白色半透明胶状物，老化变琥珀色粒状，干后脱落。

(2)发生规律 由真菌侵染所致，除危害黄瓜外，还危害西葫芦、南瓜、冬瓜、节瓜、笋瓜、佛手瓜、甜瓜、西瓜等。气温在20℃～22℃、空气相对湿度在90%以上，叶面结露或有水膜时，易发病。阴天寡照，结露时间长，植株郁闭，湿度过大，多年连茬，播种带病种子等，易发病。

(3)预防措施 ①用50℃温水浸种30分钟，取出冷却后催芽播种；或用25%多菌灵可湿性粉剂300倍液，浸种1～2小时后取出，洗净后催芽播种。②用50%多菌灵可湿性粉剂或50%克菌丹可湿性粉剂拌种，用药量是种子重量的0.4%。③每平方米苗床用25%多菌灵可湿性粉剂16克，与10千克细干土拌匀制成药土，播种时下垫上盖。④与非瓜类作物实行2～3年轮作，采用垄作或高畦地膜覆盖栽培。⑤旧架杆可用50%多菌灵可湿性粉剂

500 倍液清洗后再用。⑥进入雨季后控制浇水，雨后及时排出田间积水。

(4)补救措施 ①初见病斑时，用 50%腐霉利可湿性粉剂 2 000 倍液，或 65%甲硫·乙霉威可湿性粉剂 1 000 倍液，或 50%多菌灵可湿性粉剂 500 倍液，或 75%百菌清可湿性粉剂 600 倍液，或 70%甲基硫菌灵可湿性粉剂 1 000 倍液，或 50%苯菌灵可湿性粉剂 1 500 倍液，或 2%武夷菌素水剂 150 倍液加 50%多菌灵可湿性粉剂 600 倍液混配后喷雾。②及时清除田间病残体，装袋运到地外深埋或烧毁。

(5)注意事项 ①黄瓜黑星病病叶片上星纹状边缘的孔洞症状，可与细菌性角斑病的症状区别。②防治其他瓜类黑星病，可参照黄瓜黑星病。

47. 怎样防治黄瓜蔓枯病?

(1)症状识别要点 该病又称为黑腐病，主要危害叶片、茎秆等。若幼苗染病，茎基部出现黄褐色凹陷病斑，可造成幼苗倒伏。若成株期染病，叶面病斑形状多样，有近圆形、半圆形或沿边缘呈 V 形，病斑直径 1～3.5 厘米，呈淡褐色至黄褐色，上生小黑粒点，轮纹不明显，后期易破碎穿孔；茎蔓上(多在茎节部)病斑呈淡黄色椭圆形或菱形，后变灰色，斑面密生小黑粒点，可溢出松脂状物，病茎维管束不变色(此点可与枯萎病区别)，病重后茎干皱缩纵裂如麻状，病部以上茎叶萎蔫枯死。

(2)发生规律 由真菌侵染所致，除危害黄瓜外，还危害西葫芦、南瓜、丝瓜、冬瓜、节瓜、苦瓜、瓠瓜、笋瓜、金瓜、佛手瓜、甜瓜、西瓜等。气温在 18℃～25℃，空气相对湿度在 85%以上，土壤含水量过大，发病重；夏秋雨季，雨天多，或忽晴忽雨，天气闷热时，病害易流行。种植过密，田间湿度大，通风不良，施氮肥过量或基肥不足，长势弱，平畦栽培，易发病。

(3)预防措施 ①用55℃温水浸种15分钟,捞出后立即投入冷水中浸泡2～4小时,再催芽播种;或用50%福美双可湿性粉剂拌种,用药量是种子重量的0.3%。②与非瓜类作物实行2～3年轮作。③施足腐熟基肥,按比例增施磷、钾肥。④采取高畦栽培,或采用地膜覆盖栽培。⑤避免大水漫灌,雨季注意防涝,适当控制浇水。⑥叶面露水干后,再进行农事操作。

(4)补救措施 ①初发病,用70%代森锰锌可湿性粉剂500倍液,或75%百菌清可湿性粉剂600倍液,或50%甲基硫菌灵可湿性粉剂500倍液,或50%硫磺·甲硫灵悬浮剂600倍液,或50%多菌灵可湿性粉剂500倍液,或50%琥胶肥酸铜可湿性粉剂500倍液,或80%代森锌可湿性粉剂800倍液喷雾,重点喷洒中下部茎叶和地面。②及时清除田间病残体,装袋运到地外深埋或烧毁。③用70%代森锰锌可湿性粉剂,对水为10倍液,用毛笔蘸上药液涂抹茎蔓上的病斑。

(5)注意事项 防治其他瓜类蔓枯病,可参照黄瓜蔓枯病。

48. 怎样避免发生黄瓜枯萎病?

(1)症状识别要点 该病又称为蔓割病、萎蔫病、死秧病等,主要危害根茎部。若幼苗发病,子叶萎蔫,胚茎基部呈水渍状褐色软腐,猝倒枯死。若成株期发病,多在开花结瓜后,中午植株呈现萎蔫,早晚恢复正常,发展下去即不能恢复,最后枯死,或并无明显萎蔫,叶面形成褐色坏死斑,逐渐扩大至整叶焦枯;病株茎基部呈水渍状缢缩,维管束变成褐色,空气湿度大时病部常长有浅红色或白色霉状物;病株根部变成黄褐色腐烂、易拔出,植株叶片自下而上变黄逐渐枯死。

(2)发生规律 由真菌侵染所致,除危害黄瓜外,还危害西葫芦、南瓜、冬瓜、节瓜、笋瓜、西瓜、甜瓜等。气温在24℃～28℃,土温在25℃～30℃,空气相对湿度在90%以上时,易发病,阴雨天发病偏重。多年连作，偏施氮肥，土壤潮湿、黏重、微酸、排水不良，有线虫危害等，易发病。

(3)预防措施 ①选用抗病品种，用50%多菌灵可湿性粉剂500倍液浸种1小时，洗净后催芽播种。②每平方米苗床用50%多菌灵可湿性粉剂8克，播前撒于床面并翻拌土壤；或采用营养钵育苗，或采用高畦直播。③与非瓜类作物实行2～3年轮作。定植时，每667平方米用50%多菌灵可湿性粉剂4～5千克拌细土后，撒入定植穴内。④浇缓苗水后控水蹲苗。结瓜期要按畦小水勤浇，严防大水、冷水漫灌，雨后及时排水。④不用未腐熟的有机肥作基肥，不用未腐熟粪稀追肥，使用化肥时应避免烧根。⑤中耕时，避免伤根。⑥注意防治线虫。

(4)补救措施 ①发病初期，用10%混合氨基酸络合铜水剂200倍液，或70%甲基硫菌灵可湿性粉剂800倍液，或50%多菌灵可湿性粉剂500倍液，或30%琥胶肥酸铜可湿性粉剂350倍液，在病株茎基部挖一浅穴，每穴浇药液0.3～0.5升，药液渗下后再覆上土。②及早拔除病株，并往病穴内撒施多菌灵药土。

(5)注意事项 防治其他瓜类枯萎病，可参照黄瓜枯萎病。

49. 什么是黄瓜细菌性角斑病？怎样防治？

(1)症状识别要点 该病主要危害叶片、叶柄、卷须、茎蔓和瓜条。若幼苗发病，子叶上初生水浸状近圆形稍有凹陷的淡褐色斑，后变成黄褐色干枯。若成株期发病，病叶上初生水渍状的淡绿色小斑点，后逐渐扩展并受叶脉限制成多角形黄褐色斑，空气湿度大时叶背病部溢出乳白色脓状物，干后具白痕，病斑质脆易穿孔；茎、叶柄、卷须染病，初出现水浸状小点，沿茎沟纵向扩展，呈短条状，空气湿度大时可见白色脓状物，严重的纵向开裂呈水浸状腐烂，变褐干枯，表层残留白痕；瓜条染病，出现水浸状小斑点，扩展后不规则或连片，病部溢出大量白色脓状物，受害瓜条常伴有软腐病菌侵染呈黄褐色水渍腐烂。

(2)发生规律 由细菌侵染所致,除危害黄瓜外,还危害西葫芦、丝瓜、冬瓜、节瓜、苦瓜、瓠瓜、金瓜、甜瓜、西瓜等。气温在18℃~26℃、空气相对湿度大于70%时,易发病。温暖、多雨天,低洼地及连作地,发病重。

(3)预防措施 ①选用抗病品种。种子用50℃的温水浸泡20分钟,捞出放入凉水中浸泡4~6小时后,催芽播种;或用72%硫酸链霉素可溶粉剂3 000~4 000倍液浸种2小时,再用清水冲洗后催芽播种。②每平方米苗床可用50%琥胶肥酸铜可湿性粉剂8克,与10千克细干土拌匀制成药土,撒入苗床内灭菌。③与非瓜类作物实行2年以上轮作,定植时以高畦(或深沟窄畦)覆盖地膜为宜,或采用避雨栽培技术。④进入雨季后控制浇水,雨后及时排出田间积水。⑤在露水干后,再进行农事操作。⑥遭受冰雹后,全田喷药(见下述)。

(4)补救措施 ①发病初期,用72%硫酸链霉素可溶粉剂4 000倍液,或硫酸链霉素·土霉素可湿性粉剂4 000倍液,或35%碱式硫酸铜悬浮剂500倍液,或14%络氨铜水剂350~400倍液,或50%琥胶肥酸铜可湿性粉剂500倍液,或47%春雷·王铜可湿性粉剂700倍液喷雾。②及时清除田间病残体,运到地外深埋或烧毁,并深翻地。

(5)注意事项 ①防治其他瓜类细菌性角斑病,可参照黄瓜细菌性角斑病。②病叶上的乳白色脓状物、病斑穿孔等症状,可与霜霉病区别。③细菌性角斑病和霜霉病可同时发生,用60%琥铜·乙膦铝可湿性粉剂500倍液喷雾防治。

50. 怎样识别和防治新发生的黄瓜细菌性病害?

近年来,一些新的黄瓜细菌性病害在局部地区发生,须提高警惕,以控制其蔓延危害。防治措施可参照黄瓜细菌性角斑病。

(1)细菌性叶枯病 ①该病又称为细菌性叶斑病，主要危害叶片。病叶上初现水浸状褪绿圆形小斑，逐渐扩大为近圆形或多角形褐色病斑，直径1～2毫米，周围具褪绿晕圈，病叶背面不易见到菌脓（此点可与细菌性角斑病区别）。除危害黄瓜外，还可危害西瓜、西葫芦等，症状与黄瓜相似。②通过种子带菌传播，气温在25℃～28℃易发病，叶色深绿的品种发病重。

(2)细菌性圆斑病 ①主要危害叶片、幼茎、瓜条。幼叶症状不明显，幼茎染病致茎部开裂，苗期生长点染病多造成幼苗枯死。成株期病叶正面初现黄化区，叶背面出现水渍状小斑点，后扩展为圆形或近圆形病斑。病斑处变薄，呈黄色或黄褐色，中间呈半透明状，周围具黄色晕圈，病斑处菌脓不明显（可与细菌性角斑病区别）。随着病情发展，病斑增多，密布叶片后叶片变黄，提前衰老。染病瓜条上出现灰色圆形斑点，其中有黄色干菌脓，似痂斑。②温度高、湿度大，叶面结露水或叶片吐水，易发病。

(3)细菌性缘枯病 ①主要危害叶、叶柄、茎、卷须、瓜条。病叶边初产生水浸状小斑点，后扩大为淡褐色不规则病斑，周围有晕圈，严重时产生大型水浸状斑，从叶缘部向叶中间发展，褐色，呈V形（注意区别：蔓枯病病叶V形病斑上有小黑粒点）；叶柄、卷须、茎部发病，出现水浸状褐色病斑；瓜条染病，先在瓜柄部出现水浸状病斑，后变为褐色，瓜条黄化凋萎，干旱时成“木乃伊”状，空气湿度大时病部有菌脓溢出。②在春夏之际，雨水多，易发生。

(4)细菌性枯萎病 ①该病又称为细菌性萎蔫病，主要危害叶片、茎蔓，除危害黄瓜外，还可危害西瓜、甜瓜、南瓜等。发病初期，叶片及茎部出现暗绿色水渍状病斑，茎部变细，两端呈水渍状，病部以上的蔓、叶先出现萎蔫，不久整株迅速枯萎死亡。剖开病株茎部，用手挤压，从维管束流出白色的脓状物（此点可与疫病区别），维管束不变色、根部不腐烂（此点可与真菌性枯萎病区别）。②由黄瓜甲虫传播，易在开花结瓜期发生，发病后传染极为迅速。

51. 怎样防治西葫芦病毒病？

(1)症状识别要点 该病又称为花叶病、毒素病、疯病，主要危害叶片、瓜条、茎蔓等。主要有花叶型、皱缩型和混合型3种症状类型。①花叶型：是最为常见类型，幼苗4～5片真叶时即可发病，新叶出现淡黄色不明显的斑纹，后呈现浓淡不均的小型花叶斑驳或顶部叶片出现深绿色疱斑，严重时顶叶畸形变成鸡爪状，叶色变深，植株矮化，不结瓜或瓜的表面出现瘤状物畸形。如果植株发病早，会导致全株萎蔫，甚至枯死。②皱缩型：症状表现比花叶型更明显，植株上部分叶片沿叶脉失绿，既而出现黄绿色斑点，以后逐渐整叶黄化，皱缩向下卷曲，节间缩短，叶片变小，植株矮化，大部分植株不能结实或出现畸形瓜，严重时全株枯死。③混合型：症状具有花叶型和皱缩型两种表现类型。

(2)发生规律 由病毒侵染所致，除危害西葫芦外，还危害瓜类(如黄瓜、南瓜、丝瓜、冬瓜、节瓜、苦瓜、瓠瓜、金瓜、笋瓜、甜瓜、西瓜等)及茄果类、豆类、十字花科等蔬菜。高温干旱，光照强，蚜虫多，水肥不足、植株长势弱，杂草多的地块，发病重。西葫芦感染病毒后，在低温条件下不会表现出症状或症状较轻，在20℃左右温度条件下，潜育期达10天之久。

(3)预防措施 ①选择抗、耐病毒品种，种子用50℃～60℃热水浸烫5～15分钟，并不断搅拌，捞出用冷水降温后再催芽；或用10%磷酸三钠溶液浸种20分钟后，捞出用清水冲洗净，再催芽。②用无病土、完全腐熟的有机肥和适量磷、钾肥配制育苗土，苗期加强水、肥、温度管理，并酌情喷1～2次抗病毒病药剂。③从幼苗出土后到田间植株封垄前，采取多种措施防治蚜虫。④田间、地边的杂草要及时清除。⑤及时浇水，避免干旱；结瓜后，浇水应带肥。⑥农事操作时，注意避免接触病株，触到病株后应及时用肥皂、水洗手。

(4)补救措施 ①苗期和田间发现病株及时拔除,装袋后运到田外烧毁。②在发病前或发病初,用20%吗胍·乙酸铜可湿性粉剂500～600倍液,或0.5%菇类蛋白多糖水剂400倍液,或5%菌毒清水剂300倍液,或1.5%烷醇·硫酸铜水乳剂1 000倍液,全株喷雾。

(5)注意事项 防治其他瓜类病毒病,可参照西葫芦病毒病。

52. 怎样避免西葫芦的瓜条染病?

西葫芦瓜条在生长发育过程中,会受到多种病的危害,应对症采取措施预防,以减少损失。第一,与非瓜类作物实行2～3年轮作,合理密植。第二,采用配方施肥,不要偏施或过量施用氮肥。第三,采用高畦深沟栽培,避免大水漫灌,雨后及时排出积水。第四,用经25%甲霜灵可湿性粉剂600倍液处理过的稻草、尼龙薄膜、砖瓦块等物将瓜条垫起,或采用搭架栽培。第五,早防治瓜类害虫。第六,及时摘除残败花、病瓜等,装袋后运到田外深埋,并对症喷药。

(1)绵腐病 ①发生规律与症状识别要点:该病由真菌侵染所致,主要危害瓜条,有时也危害叶片、茎蔓等部位。土壤温度低、空气湿度大,易发病,在多雨的季节或年份发病较重。病瓜条表面初出现水渍状暗绿色近椭圆形稍下陷病斑,湿度大时,病斑迅速扩展,致全瓜条变褐、软腐,表面覆满白色霉状物,如湿水棉花状,病瓜烂在田间;而干燥时,病斑扩展不快,仅皮下瓜肉变褐腐烂,表面生白霉。病叶片初生水渍状暗绿色圆形或不规则形病斑,空气湿度大时呈软腐,似开水煮过状。②药物防治:用50%琥铜·甲霜灵可湿性粉剂800倍液,或58%甲霜·锰锌可湿性粉剂600～800倍液,或72%霜脲·锰锌可湿性粉剂800～1 000倍液,或72.2%霜霉威盐酸盐水剂600～800倍液,或75%百菌清可湿性粉剂600倍液,或50%琥胶肥酸铜可湿性粉剂500倍液,或14%络氨铜水剂 300 倍液等，交替喷施。

(2)绵疫病 ①发生规律与症状识别要点：该病由真菌侵染所致，主要危害（快成熟）瓜条、叶片、茎蔓等。气温在 25℃～30℃、空气相对湿度在 85%以上时，易发病；夏季高温连雨天，或雨后骤晴时，或盛夏干旱、浇水过多过勤，发病重；大水灌溉，田间积水，施用未腐熟有机肥等，促发病。病瓜条近地面处初现水渍状黄褐色病斑，后病斑下陷，病部密生棉絮状霉，发病重时病瓜腐烂；病叶上初现黄褐色病斑，后生白霉腐烂；病茎蔓上出现绿褐色斑，多呈湿腐状。②药物防治：可参照西葫芦绵腐病。

(3)褐腐病 ①发生规律与症状识别要点：该病又称为花腐病、烂蛋，由真菌侵染所致，主要危害花朵、嫩瓜条，除危害西葫芦外，还危害黄瓜、冬瓜、豇豆、辣椒等。降雨日多、降雨量大，种植过密，植株茎叶生长过旺，易发病。开败了的花先染病，病花变褐软腐，其上产生褐色绒状霉，再逐渐蔓延到嫩瓜条。染病的嫩瓜条从花蒂部向下很快腐烂，在腐烂部位长出（像插着大头针状的）灰白色至黑褐色绒毛状霉，嫩瓜条很快腐烂，发病重时成熟瓜条也可染病，局部变褐软腐。②药物防治：用 64%噁霜·锰锌可湿性粉剂 500 倍液，或 58%甲霜·锰锌可湿性粉剂 500 倍液，或 47%春雷·王铜可湿性粉剂 800～1 000 倍液，或 72%霜脲·锰锌可湿性粉剂 800 倍液，或 50%琥铜·甲霜灵可湿性粉剂 600 倍液，或 69%安克·锰锌可湿性粉剂 1 200 倍液喷雾。

(4)(镰刀菌)果腐病 ①发生规律与症状识别要点：该病由真菌侵染所致，主要危害瓜条。田间湿度大，易发病，瓜条与土壤接触，易染病。幼瓜或长成瓜初染病，病部变褐呈湿润状腐烂，至中、后期病部长出致密的白色略带粉红色霉层，后病瓜腐烂，汁液从病部流出。②药物防治：用 25%络氨铜水剂 500 倍液，或 50%琥胶肥酸铜可湿性粉剂 500 倍液，或 40%硫磺·多菌灵悬浮剂 500 倍液，或 56%氧化亚铜水分散粒剂 700～800 倍液，或 47%春雷·王铜可湿性粉剂 1 000 倍液喷雾。

(5)软腐病　①发生规律与症状识别要点：该病由细菌侵染所致，主要危害瓜条。在高温、多雨或高湿条件下，瓜条上伤口多，发病重。瓜条染病，病部初期呈灰白色或褐色水渍状坏死，继而软化腐烂，染病瓜条很快全部腐烂，散发出臭味；染病后空气干燥时，病部逐渐变褐并失水萎缩。②药物防治：用 50%琥胶肥酸铜可湿性粉剂 500 倍液，或 77%氢氧化铜可湿性粉剂 500 倍液，或 72%硫酸链霉素可溶粉剂 3 000～4 000 倍液，或 47%春雷·王铜可湿性粉剂 800 倍液喷雾。

53. 什么是南瓜疫病？怎样防治？

(1)症状识别要点　该病主要危害根、茎、叶、果实等。病叶初现水渍状暗绿色斑点，后扩展成圆形或不规则形水渍状暗色大病斑、呈湿腐状，干燥时呈灰褐色，易脆裂；果实染病，初生水渍状暗色至暗绿色病斑，病部迅速扩展，变为褐色凹陷，果实很快软腐；根部染病，根尖先变为褐色，后全根变褐、腐烂；茎基部染病，病部初为水渍状暗绿色，后变为淡褐色至褐色，呈湿腐状；茎蔓部染病，病部呈水渍状凹陷，变细变软；根、茎基部或茎蔓染病后，造成病部以上茎叶萎蔫、青枯。空气湿度大时，茎、叶、果实等的病部出现白色霉层。

(2)发生规律　由真菌侵染所致，除危害南瓜外，还危害黄瓜、西瓜、辣椒、番茄、茄子等。气温在 24℃～28℃、空气相对湿度在 90%以上时，易发病；雨季来得早或降雨量大，或夏季雨后骤晴时，易发病。浇水过多过勤，大水漫灌，田间积水，土质黏重，连茬，施用未腐熟有机肥或偏施氮肥等，种植密度大，果实与地面接触或有伤口，发病重。

(3)预防措施　①选用抗病品种，与非瓜类、茄果类作物实行 2～3 年轮作，并合理密植。②每平方米苗床用 64%噁霜·锰锌可湿性粉剂8克，与10～15千克过筛干细土混匀，制成药土，先撒1/3的药土在苗床上，播种后，再把2/3的药土覆盖在种子上。③采用高畦深沟栽培，避免大水漫灌，雨后及时排出积水。④用经25%甲霜灵可湿性粉剂600倍液处理过的稻草、尼龙薄膜、砖瓦块等物将瓜条垫起，或采用搭架栽培。⑤及早防治瓜类害虫。

(4)补救措施 ①发病初期，用25%甲霜灵可湿性粉剂600～750倍液，或40%三乙膦酸铝可湿性粉剂200倍液，或50%琥铜·甲霜灵可湿性粉剂800倍液，或72%霜脲·锰锌可湿性粉剂800～1 000倍液，或69%安克·锰锌可湿性粉剂2 500～3 000倍液，或64%噁霜·锰锌可湿性粉剂600～800倍液，全株喷雾和喷淋在根茎部；也可将根茎部的土扒开，每株浇100～200毫升的药液。②每公顷用25%甲霜灵可湿性粉剂(或72%霜脲·锰锌可湿性粉剂)3千克、过筛细土1 500千克，混匀配成药土，在雨季来临前将药土撒于瓜根周围。③全面清理田间病残体(包括淘籽后的瓜瓤、瓜肉等)，运到田外深埋。

54. 怎样防治冬瓜疫病?

(1)症状识别要点 该病危害茎、叶、果实等。幼苗染病，茎、叶片、叶柄及生长点呈暗绿色水渍状，植株萎蔫，逐渐干枯死亡。成株染病，多从茎嫩头或茎节部发生，开始为水渍状斑，以后变软，明显缢缩凹陷，病部以上叶片萎蔫或枯死，同株上常有几处节部受害，维管束不变色；叶片染病产生水渍状暗绿色圆形或不规则形大病斑，严重的叶片枯死；果实染病，开始呈现水渍状斑点，逐渐缢缩，有时开裂，溢出胶状物，潮湿时表面长出稀疏白霉，迅速腐烂，发出腥臭气味。

(2)发生规律 由真菌侵染所致，除危害冬瓜外，还危害黄瓜、西瓜等。气温在19℃～32℃，空气相对湿度80%以上，易发病。降雨多，或浇水多，发病重；另外，平畦栽培地，重茬地，低洼地，地下水位高、排水不良地，施带有病残体的有机肥，偏施氮肥，缺磷、钾肥，发病也重。

(3)预防措施 ①选用抗(耐)病品种，与非瓜类作物实行2～3年轮作。②每平方米苗床用64%噁霜·锰锌可湿性粉剂或77%氢氧化铜可湿性粉剂8克，加细土5千克，拌匀后施入苗床内。③采用高畦地膜覆盖搭架栽培，或及时用砖头、瓦片、稻草等物将瓜垫起。④避免大水漫灌，雨后及时排出积水。

(4)补救措施 ①发病初期，用64%噁霜·锰锌可湿性粉剂400倍液，或60%琥铜·乙膦铝可湿性粉剂500倍液，或77%氢氧化铜可湿性粉剂500～600倍液，或50%琥铜·甲霜灵可湿性粉剂500～600倍液，喷雾和灌根(每株灌药液500毫升)。②及早拔除初发病株，清除病残体，均运到田外深埋或烧毁。

四、豆类蔬菜病害

55. 菜豆病毒病会出现什么样症状？怎样防治？

(1)症状识别要点 该病又称为花叶病，田间症状种类较多。常见病株嫩叶明脉，沿叶脉褪绿，继而呈现花叶，病叶凹凸不平，深绿色部分往往突起，叶片细长变小，向下弯曲，有时呈扁叶状，或叶扭曲畸形，叶脉和茎上可产生褐色坏死斑。发病严重时，植株矮缩，下部叶片干枯，生长点坏死，开花少并脱落，结荚少，有时豆荚上产生黄色或绿色斑点或出现斑驳，根系变黑，重病株提早枯死。

(2)发生规律 由病毒侵染所致，除危害菜豆外，还危害豇豆、蚕豆、扁豆、豌豆、黄豆等。气温在20℃～25℃时有利于显症，在26℃以上时症状加重。蚜虫数量多，高温干旱少雨天，易发病。夏秋季种植比春季种植发病重。矮生种较蔓生种抗病。

(3)预防措施 ①选用抗(耐)病优种，适期种植，适当密植。②及早防治蚜虫。③及时搭架引蔓，结荚期间(早晚)适量浇水。

(4)补救措施 ①及早拔除病株烧毁。②发病初期，用1.5%烷醇·硫酸铜水乳剂1000倍液，或0.5%菇类蛋白多糖水剂300倍液，或10%混合脂肪酸水剂100倍液，全株喷雾。

(5)注意事项 防治其他豆类蔬菜病毒病，可参照菜豆病毒病。

56. 怎样识别和防治菜豆炭疽病？

(1)症状识别要点 该病主要危害叶、茎、豆荚。幼苗发病，子叶上出现红褐色近圆形病斑，凹陷成溃疡状；幼茎上生锈色小斑点，后扩大成短条状锈斑，常使幼苗折倒枯死。成株期发病，多在叶背沿叶脉发生，呈黑褐色多角形网状斑，扩大至全叶后，叶片萎蔫；病茎上出现圆形或椭圆形红褐色稍凹陷病斑，外缘有黑色轮纹，龟裂，潮湿时病斑上产生浅红色黏状物。豆荚染病，上生褐色小点，可扩大至直径1厘米的大圆形病斑，中心黑褐色稍凹陷，边缘淡褐色至粉红色，易腐烂。

(2)发生规律 由真菌侵染所致，除危害菜豆外，还危害豇豆、蚕豆、扁豆、豌豆、刀豆等。气温在17℃、空气相对湿度为100%，早春气温回升早、夏秋连阴雨多，易发病。连作地，种植过密地，地势低洼、排水不良的地，田间病残体及杂草多的地，易发病。

(3)预防措施 ①选用抗（耐）病品种，用50%多菌灵可湿性粉剂或50%福美双可湿性粉剂拌种后播种，用药量为种子重量的0.3%～0.4%。②与非豆类作物实行2～3年轮作，采用地膜或稻草等覆盖栽培。③用45%代森铵水剂1 000倍液消毒架杆。④雨后注意排出积水，及时中耕。

(4)补救措施 ①初发病时，用75%百菌清可湿性粉剂600倍液，或50%多菌灵可湿性粉剂500倍液，或50%甲基硫菌灵可湿性粉剂500倍液，或70%代森锰锌可湿性粉剂500倍液，或80%福·福锌可湿性粉剂500倍液喷雾，注意往叶背面喷药。②全面清理田间病残体和杂草，运到田外烧毁。

(5)注意事项 防治其他豆类蔬菜炭疽病，可参照菜豆炭疽病。

57. 怎样防治菜豆叶、荚部病害？

防治菜豆叶、荚部病害，可采用播前温水浸种，轮作和深耕，注意排出田间积水，改善田间通透性等预防措施。及时摘除初发病叶，并对症喷药。菜豆叶、荚部病害主要有以下几种。

(1)斑点病 ①症状识别要点：该病主要危害叶片。病斑圆形或近圆形或半圆形（位于叶缘时），直径2～15毫米或更大，边缘褐色，中部淡褐色至灰褐色，斑面呈现明显或不明显的轮纹，潮湿条件下其上散生或轮生小黑点。②发生规律：一般温暖多湿的天气或低洼地、株间郁闭，易发病，南方可周年发病。③防治措施：初发病，用40%硫磺·多菌灵悬浮剂500倍液，或70%甲基硫菌灵可湿性粉剂600倍液，或53.8%氢氧化铜水分散粒剂1 000倍液，或10%苯醚甲环唑水分散粒剂1 000倍液，或12.5%腈菌唑乳油2 000倍液，叶面喷雾。

(2)红斑病 ①症状识别要点：该病主要危害叶片。叶斑近圆形至不规则形，有时受叶脉限制则沿叶脉扩展，2～9毫米大小，红色至红褐色，斑面隐现云纹，背面密生灰色霉层，病斑联合成红褐色大斑块，致叶片局部干枯；严重时豆荚可染病，形成较大的红褐色病斑，病斑中央黑褐色，后期密生黑褐色霉层。②发生规律：高温多湿的天气易发病，秋季多雨天、连茬地，发病重。③防治措施：播前温水浸种，采用轮作和深耕。初发病，用75%百菌清可湿性粉剂600倍液，或50%硫磺·甲硫灵悬浮剂500～600倍液，或14%络氨铜水剂300倍液喷雾。

(3)角斑病 ①症状识别要点：该病主要危害叶片，产生多角形黄褐色斑，后变紫褐色，叶背簇生灰紫色霉层；严重时危害豆荚，病荚上出现直径10毫米或稍大的霉斑，病斑边缘紫褐色、中间黑色，后期密生灰紫色霉层，病斑不凹陷(可与炭疽病区别)，严重时可使种子霉烂。②发生规律：生长季节危害叶片、秋季危害豆荚，一般秋季发病重。③防治措施：初发病，用77%氢氧化铜可湿性粉剂500倍液，或64%噁霜·锰锌可湿性粉剂500倍液，或60%琥铜·乙膦铝可湿性粉剂500倍液喷雾。

(4)褐斑病 ①症状识别要点：该病又称为叶煤病、褐纹病，主要危害叶片。叶斑较明显，圆形至不规则形，直径4～10毫米，绿褐色至黄褐色或锈褐色至血红色，周缘分明，病斑上生有明显轮纹，中央赤褐色至灰褐色，边缘色略深，空气湿度大时叶背病斑上产生灰色霉。②发生规律：高温雨季易发病，连作地、栽植过密、偏施氮肥发病重，南方可周年发病。③防治措施：初发病，用50%乙霉·多菌灵可湿性粉剂1000倍液，或75%百菌清可湿性粉剂600倍液，或70%甲基硫菌灵可湿性粉剂600倍液，或6%氯苯嘧啶醇可湿性粉剂1500倍液，或50%甲硫·福美双可湿性粉剂800倍液，或78%波·锰锌可湿性粉剂600倍液喷雾。

(5)黑斑病 ①症状识别要点：该病主要危害叶片。初在叶尖或叶缘处发病，生褐色圆形或近圆形或不规则形叶斑，微具同心轮纹，后在病斑表面上长出微细黑色霉点。②发生规律：温暖多湿的天气或植株密闭，易发病，南方可周年发病。③防治措施：发病初，用50%异菌脲可湿性粉剂1000～1500倍液，或75%百菌清可湿性粉剂600倍液，或70%代森锰锌可湿性粉剂500倍液喷雾。

58. 怎样识别和防治菜豆枯萎病？

(1)症状识别要点 该病又称为死秧，主要危害根部。病株根部初生长不良，侧根少，后根部变色，皮层腐烂引起根腐，病株容易被拔出；病株进入花期开始显症，下部叶片先变黄，叶脉及其两侧叶肉褪绿黄化，变为褐色干枯或脱落；主茎、侧枝和叶柄内维管束变黄并逐渐转变为黑褐色；发病后期，病株成片死亡。

(2)发生规律 由真菌侵染所致。气温在24℃～28℃、空气相对湿度在70%以上时，易发病。地势低洼，平畦种植，浇水较多，肥力不足，管理粗放的连茬地，发病重。

(3)预防措施 ①选用抗病品种，用50%多菌灵可湿性粉剂拌种，用药量为种子重量的0.4%～0.5%。②与非豆类作物实行3～5年轮作，采用高垄栽培。③按畦浇水，雨后及时中耕。④每667平方米用25%多菌灵可湿性粉剂3千克，对水后浇播种沟，药液渗下后播种盖土。

(4)补救措施 ①初发病时,用50%咪鲜·氯化锰可湿性粉剂1 500～2 500倍液,或50%多菌灵可湿性粉剂500倍液,或50%甲基硫菌灵可湿性粉剂500～600倍液灌根,每株灌药液250毫升。②早拔除病株,运到田外烧毁。

(5)注意事项 防治其他豆类蔬菜枯萎病,可参照菜豆枯萎病。

59. 怎样避免菜豆细菌性疫病的发生?

(1)症状识别要点 该病又称为细菌性斑点病、火烧病、叶烧病,主要危害叶、茎、豆荚、种子。病苗出土后,子叶呈红褐色溃疡状,或在着生小叶的节上及第二片叶柄基部产生水浸状斑,扩大后呈红褐色,病斑绕茎一周后,幼苗折断干枯。成株期染病,病叶叶尖或叶缘初生油浸状暗绿色小斑,后扩大成不规则形褐色病斑,干枯变薄,呈半透明状,病斑周围有黄色晕圈,干燥时易破裂,发病重时病斑相连,全叶枯干,似火烧一样,病叶一般不脱落,高湿、高温时病叶可凋萎变黑;茎蔓染病,产生红褐色溃疡状条斑,当病斑绕茎一周时,病部以上茎叶萎蔫枯死;豆荚染病,初生油浸状暗绿色斑点,扩大后为不规则形红褐色稍凹陷病斑,发病重时全荚皱缩;种子染病,种皮萎缩或出现黑色凹陷病斑。在潮湿条件下,叶、茎、荚病部及种子脐部,均有黄色黏液状物溢出(可与炭疽病区别)。

(2)发生规律 由细菌侵染所致,除危害菜豆外,还危害豇豆、豌豆等。这是典型的高温、高湿病。气温在24℃～32℃,多雨、多雾、露水多时,易发病;夏秋天气闷热、连续阴雨天,雨后暴晴天等,发病快。施肥不足或偏施氮肥,大水漫灌,杂草丛生、虫害严重等,加重发病。

(3)预防措施 ①选用抗病品种,与非豆类作物实行3～5年轮作,深翻土地并整平。②用45℃温水浸种10分钟,捞出用冷水降温后,晾干播种。③架材要轮换使用或经过消毒,及时插架或拉绳引蔓，适时中耕除草和打去下部老叶，雨后及时排出积水。④注意防治害虫。

(4)补救措施 ①发病初期，用14%络氨铜水剂300倍液，或50%琥胶肥酸铜可湿性粉剂500倍液，或77%氢氧化铜可湿性粉剂500倍液，或1∶1∶200波尔多液，或72%硫酸链霉素可溶粉剂4 000倍液，或硫酸链霉素·土霉素可湿性粉剂4 000倍液，或47%春雷·王铜可湿性粉剂1 000倍液喷雾。②清除病残体，运到田外烧毁。

(5)注意事项 ①注意与菜豆细菌性晕疫病相区别。菜豆细菌性晕疫病主要危害叶片、豆荚，由细菌侵染所致，气温在16℃～20℃、潮湿时，易发病。病株上部叶初现水浸状斑点，后在斑周围出现直径0.5～1厘米的晕圈，斑上常有脓状物溢出；叶脉染病后坏死，易穿孔或皱缩畸形；豆荚染病，初现水浸状斑点（直径0.5厘米），有乳白色脓状物溢出，后变褐干缩下陷。防治措施可参照菜豆细菌性疫病。②防治其他豆类蔬菜细菌性疫病，可参照菜豆细菌性疫病。

60. 什么是豇豆疫病？怎样防治？

(1)症状识别要点 该病危害茎蔓、叶、豆荚。茎蔓染病，多发生在近地面处的节部或节附近，病部初呈水渍状不规则形暗色斑，无明显边缘，病斑绕茎一周后呈暗褐色缢缩，病部以上茎叶很快萎蔫枯死，空气湿度大时，皮层腐烂，表面出现白色霉状物；病叶初生水渍状暗绿色圆形病斑，边缘不明显，空气湿度大时，病斑很快扩大成淡褐色病斑，可蔓延至整个叶片，表面着生稀疏的白色霉状物，引起腐烂；豆荚染病多腐烂。

(2)发生规律 由真菌侵染所致。气温在25℃～28℃，连阴雨或雨后转晴，易发病。地势低洼或土壤潮湿，大水漫灌，种植密度大等，加重发病。

(3)预防措施 ①选用抗病品种，与非豆科作物实行3年以上轮作。②用25%甲霜灵可湿性粉剂800倍液浸种30分钟后，洗净催芽。③采用深沟高畦地膜覆盖栽培，适度密植。④雨后及时排出积水。

(4)补救措施 发病初期，用72.2%霜霉威盐酸盐水剂800倍液，或64%噁霜·锰锌可湿性粉剂500倍液，或58%甲霜·锰锌可湿性粉剂500倍液，或50%琥铜·甲霜灵可湿性粉剂600倍液，或40%三乙膦酸铝可湿性粉剂200倍液喷雾。

61. 怎样识别和防治豇豆煤霉病？

(1)症状识别要点 该病又称为叶霉病，主要危害叶片。病叶两面初现赤色或紫褐色小斑点，后扩大为近圆形或多角形淡褐色至褐色病斑，直径0.5～2厘米，病健部界限不明显，空气湿度大时，病斑上出现灰黑色霉层，叶背病斑上尤为明显，发病重时叶面病斑密布，致使叶片干枯、脱落。

(2)发生规律 由真菌侵染所致，除危害豇豆外，还危害菜豆、豌豆、蚕豆、大豆等。气温在30℃、多雨时，易发病。连作地，播种过晚，发病重。

(3)预防措施 ①选用抗(耐)病优种，适度密植，及时搭架。②增施磷、钾肥，适时喷施叶面肥。③雨后及时排出田间积水。

(4)补救措施 ①发病初期，用25%多菌灵可湿性粉剂400倍液，或40%硫磺·多菌灵悬浮剂800倍液，或50%硫磺·甲硫灵悬浮剂500倍液，或14%络氨铜水剂300倍液，或77%氢氧化铜可湿性粉剂500倍液喷雾，注意往叶背喷药。②收集病残落叶，运到田外烧毁。

62. 豇豆斑枯病会出现什么样症状？怎样防治？

(1)症状识别要点 该病主要危害叶片。病叶上出现多角形至不规则形病斑，直径2～5毫米，初呈暗绿色，后转为红褐色或紫红色，中部变为灰白色至白色，数个病斑融合为斑块，致使叶片干枯；后期病斑正面和背面均可见针尖状小黑点。

(2)发生规律 由真菌侵染所致。通常在温暖高湿的天气易发病。

(3)预防措施 ①适度密植，及时搭架。②雨后及时排出田间积水。

(4)补救措施 ①发病初期，用75%百菌清可湿性粉剂1 000倍液加70%甲基硫菌灵可湿性粉剂1 000倍液，或75%百菌清可湿性粉剂1 000倍液加70%代森锰锌可湿性粉剂1 000倍液，或40%硫磺·多菌灵悬浮剂500倍液喷雾。②及时收集病残物，运到田外烧毁。

五、葱蒜类蔬菜病害

63. 怎样防治韭菜疫病？

(1)症状识别要点 该病主要危害假茎、鳞茎、根、叶片、花薹等。假茎染病，病部呈浅褐色水浸状软腐，叶鞘易脱落；鳞茎染病，根盘部呈浅褐色至褐色水浸状腐烂；根部染病，变褐腐烂，根毛明显减少；叶片及花薹染病，多始于中下部，初呈暗绿色水浸状病斑、长 5～50 毫米，有时扩展到叶片或花薹的一半，病部缢缩，引起叶片或花薹下垂腐烂。空气湿度大时，病部产生稀疏白色霉。

(2)发生规律 由真菌侵染所致，除危害韭菜外，还危害葱类、大蒜。在夏秋季的高温、高湿天气，易发病。地势低洼、排水不良，植株营养不良生长差，收割次数过多，发病重。

(3)预防措施 ①应选择 3 年内未种过葱蒜类蔬菜的地块，作为育苗地或栽培地。②平整土地，整修排水系统，避免田间积水。③选壮苗种植，先用药液(见下述)蘸根后栽苗。④收割次数不宜过多，收割后及时追肥，注意养根，入夏后控制灌水。⑤在入夏降雨前，摘去植株下层黄叶，将绿叶向上拢起，用马蔺草松松捆扎，避免韭叶接触地面。

(4)补救措施 在发病初期，用 25%甲霜灵可湿性粉剂 600～800 倍液，或 64%噁霜·锰锌可湿性粉剂 500 倍液，或 50%琥铜·甲霜灵可湿性粉剂 600～800 倍液，或 72.2%霜霉威盐酸盐水剂 800 倍液，或 30%氧氯化铜悬浮剂 600 倍液，或 77%氢氧化铜悬浮剂 800～1 000 倍液，或 50%氧化亚铜水分散粒剂 600～800 倍液灌浇根茎部。

64. 什么是韭菜菌核病？怎样防治？

(1)症状识别要点 该病危害叶片、叶鞘或茎部。叶片、叶鞘或茎基部染病，初变褐色或灰褐色，后腐烂干枯，田间可见成片枯死株，病部可见棉絮状霉层及黄白色至黄褐色或茶褐色菜籽状物(注意与白绢病区别)。

(2)发生规律 由真菌侵染所致，除危害韭菜外，还危害葱类、大蒜。在雨水多的季节或年份，易发病。低洼地，积水地，偏施氮肥地，种植过密地，发病重。

(3)预防措施 ①平整土地，整修排水系统，避免田间积水。②合理密植，避免偏施氮肥。③可适当缩短割韭周期。

(4)补救措施 每次割韭后至新株抽生期，用50%乙烯菌核利可湿性粉剂1 000倍液，或50%异菌脲可湿性粉剂1 000～1 500倍液，或50%腐霉利可湿性粉剂1 500～2 000倍液，或75%百菌清可湿性粉剂800倍液加70%甲基硫菌灵可湿性粉剂800倍液，或40%硫磺·多菌灵悬浮剂500倍液，或5%井冈霉素水剂50～100毫克/升药液喷淋。

65. 怎样避免发生韭菜枯萎病？

(1)症状识别要点 该病主要危害叶片，叶片中部或接触地面的叶尖部出现水烫样的症状，严重时所有叶片都呈水烫状，继而完全枯死；发病后的根虽可萌生新株，有时再萌发的韭菜仍然会继续发病，发病重时造成绝产。

(2)发生规律 由真菌侵染所致。多发生在夏季高温季节，连阴雨或暴雨后骤晴，发病快而重。韭菜株龄过老，或收割过早，或收割次数过多，或培土过高，或地面积水等，易发病。

(3)预防措施 ①露地养根期间适当控制水分，避免徒长。②伏天雨季注意排出田间积水，热雨后骤晴要用井水轻浇快浇。

③对倒伏韭菜可去掉伏地老叶，对有倒伏趋势的可在叶鞘上部割下叶尖。

(4)补救措施 初发病时，用75%百菌清可湿性粉剂600倍液，或58%甲霜·锰锌可湿性粉剂500倍液喷雾。

66. 韭菜软腐病会出现什么样症状？怎样防治？

(1)症状识别要点 该病又称为黑根病，主要危害叶片、茎部。叶片、叶鞘染病，初生灰白色半透明病斑，扩大后病部及茎基部软化腐烂，并渗出黏液，有恶臭味，发病重时田间成片倒伏死亡。

(2)发生规律 由细菌侵染所致，除危害韭菜外，还危害葱类、大蒜、茄果类、瓜类、十字花科等蔬菜。气温在25℃～30℃，多湿、降雨多天气，易发病。低洼地，积水地，土质黏重地，土质偏酸地，地下害虫多的地，发病重。

(3)预防措施 ①选用耐热、抗风雨品种。②注意防治地下害虫。

(4)补救措施 初发病，用50%琥胶肥酸铜可湿性粉剂500倍液，或47%春雷·王铜可湿性粉剂800～1 000倍液，或77%氢氧化铜可湿性粉剂500倍液，或72%硫酸链霉素可溶粉剂3 000～4 000倍液，或硫酸链霉素·土霉素可湿性粉剂3 000～4 000倍液喷淋。

67. 怎样防治大葱紫斑病？

(1)症状识别要点 该病主要危害叶片和花梗，多从叶尖和花梗中部发病。发病初期，呈水渍状白色小点，病斑逐渐扩大，变为淡褐色圆形或纺锤形稍凹陷斑，继续扩大呈褐色或暗紫色，周围常具有黄色晕圈，空气湿度大时病部长出深褐色或黑灰色粉状物，常排列成同心轮纹状；数个病斑可相互连接成长条形大斑，使叶片和花梗折断或枯死。采种株花梗受害后，造成种子皱缩，不能充分成熟。

(2)发生规律 由真菌侵染所致，除危害大葱外，还危害洋葱、大蒜、韭菜。气温在25℃～27℃，雨水较多，易发病。缺水肥地，砂质土地，早苗或老苗地，葱蓟马等害虫为害重时，发病重。

(3)预防措施 ①选择地势平坦、排水方便的肥沃壤土为种植田，与非葱蒜类作物实行2～3年轮作。②施足基肥，配合增施磷、钾肥。③用40%甲醛水剂300倍液浸种3小时后，捞出用清水洗净，晾干播种。④进入雨季后，注意排水、中耕。⑤注意防治葱蓟马等害虫。

(4)补救措施 ①发病初期，用75%百菌清可湿性粉剂500倍液，或40%灭菌丹可湿性粉剂400倍液，或64%噁霜·锰锌可湿性粉剂500倍液，或58%甲霜·锰锌可湿性粉剂500倍液，或50%异菌脲可湿性粉剂1 500倍液喷雾。②及时拔除病株或摘除病叶、病花梗，收获后清除病残体，均运到田外深埋或烧毁，并深耕。

(5)注意事项 ①洋葱紫斑病出现紫褐色病斑，生长期的预防措施和补救措施可参照大葱紫斑病。宜在洋葱顶部成熟后收获，晾晒鳞茎至外部干燥后，在环境温度0℃、空气相对湿度65%以下贮藏，并注意通风。②大蒜紫斑病又称为黑斑病，发病时出现黄褐色病斑和黑色霉。预防措施和补救措施可参照大葱紫斑病。

68. 什么是大葱霜霉病？怎样防治？

(1)症状识别要点 该病危害叶片、花梗、假茎和鳞茎。花梗染病，初生黄白色或乳黄色较大侵染斑，呈纺锤形或椭圆形，其上产生白色霉，后期变为暗紫色；叶片染病，病斑呈卵圆形或圆筒形，大小不一，淡黄绿色，边缘不明显，潮湿时病斑表面产生白色绒状霉，干燥时病斑变为枯斑，病部以上叶片干枯下垂；假茎染病，多破裂弯曲；鳞茎染病，使植株矮化，叶片畸形或扭曲，空气湿度大时表面长出大量白色霉。

(2)发生规律 由真菌侵染所致，除危害大葱外，还危害洋葱、大蒜、韭菜。气温在11℃～18℃，遇连阴雨天、暴雨天或大雾高湿天，易发病。栽种过早地，土质黏重地，干旱缺水地，地势低洼、排水不良地，偏施氮肥地，重茬地，发病重。

(3)预防措施 用25%甲霜灵可湿性粉剂拌种，用药量为种子重量的0.4%。其他预防措施可参照大葱紫斑病。

(4)补救措施 ①发病初期，用90%三乙膦酸铝可湿性粉剂400～500倍液，或58%甲霜·锰锌可湿性粉剂600倍液，或75%百菌清可湿性粉剂600倍液，或64%噁霜·锰锌可湿性粉剂500倍液，或72.2%霜霉威盐酸盐水剂800倍液，或50%异菌脲可湿性粉剂800～1 000倍液喷雾。②及早拔除病株或摘除病叶、病花梗，收获后清除病残体，均运到田外深埋或烧毁，并深耕。

(5)注意事项 ①洋葱霜霉病主要危害叶片、花梗和鳞茎。叶片上病斑初呈苍白绿色，长椭圆形，有明显的扩展轮纹，后期病叶干枯死亡；花梗染病症状同叶部症状，易由病部折断枯死，空气湿度大时病部长出白色至紫灰色霉层；鳞茎染病后变软，表面粗糙或皱缩，植株矮化，叶片扭曲畸形。预防措施和补救措施可参照大葱霜霉病。②大蒜霜霉病多从中下部叶片开始发病，病叶上初现褪绿斑点，后扩大成椭圆形黄白色稍凹陷病斑，空气湿度大时病斑表面可产生灰白色霉层，病部以上叶片下垂枯白，干燥时成枯斑，病重时植株枯死。预防措施和补救措施可参照大葱霜霉病。

69. 发生大葱黑斑病后该怎么办？

(1)症状识别要点 该病主要危害叶片和花梗，采种株易发病。病叶上初现黄白色褪绿长圆斑，后迅速向上、下扩展形成梭形病斑，变为黑褐色，边缘具黄色晕圈；病情继续扩展，斑与斑连片后仍保持梭形，病斑上略现轮纹，层次分明；后期病斑上密生黑绒状霉层,发病严重植株叶上部萎黄。

(2)发生规律 由真菌侵染所致,除危害大葱外,还危害洋葱、大蒜、莴苣、蚕豆等。田间管理不善,植株生长不良,受冻后,易发病。

(3)预防措施 可参照大葱紫斑病。

(4)补救措施 发病初期,用75%百菌清可湿性粉剂600倍液,或50%异菌脲可湿性粉剂1000倍液,或70%代森锰锌可湿性粉剂600倍液,或14%络氨铜水剂300倍液,或1∶0.5∶200波尔多液喷雾。

(5)注意事项 ①洋葱黑斑病又称为叶枯病,主要危害叶片。多从叶尖先发病、向下蔓延,初为白色圆形病斑,后为灰黄色至灰褐色椭圆形或不规则形病斑,病斑上密生黑褐色粉状霉。预防措施和补救措施可参照大葱黑斑病。②该病原菌危害大蒜时,又称为叶枯病,危害叶片或花梗。病叶初在叶尖或叶缘出现花白色小圆点,后为灰白色或灰褐色椭圆形或不规则形病斑,病斑上生黑色霉状物。预防措施和补救措施可参照大葱黑斑病。

70. 怎样防治大葱病毒病?

(1)症状识别要点 该病又称为黄矮病、萎缩病,主要危害叶片。病叶生长受抑,叶片扭曲变细,使叶面凹凸不平,叶尖逐渐黄化,有时产生长短不一的黄绿色斑驳或黄色长条斑,葱管扭曲,生长停滞,蜡质减少,叶下垂变黄,严重的全株矮化或萎缩。

(2)发生规律 由病毒侵染所致,除危害大葱外,还危害分葱、洋葱、大蒜等。高温、干旱天,易发病。管理粗放地,蚜虫和蓟马为害严重地,或幼苗就开始发病地,发病重。

(3)预防措施 ①选用抗(耐)病品种,不要在葱类采种田或栽植地附近育苗及邻作。②适当推迟(秋季)或提前(春季)育苗时间,以躲过当地发病高峰期(或蚜虫迁飞高峰期)。③及早防治蚜虫和蓟马等害虫。④田间栽苗时,应剔除病株。⑤施足基肥,配合增施磷、钾肥。⑥在农事操作过程中,尽量避免接触病株,以防人为传病。

(4)补救措施 ①发病初期,用1.5%烷醇·硫酸铜水乳剂1000倍液,或20%吗胍·乙酸铜可湿性粉剂500倍液,或10%混合脂肪酸水剂100倍液喷雾。②及早拔除病株,装袋运到田外深埋或烧毁。

(5)注意事项 ①洋葱病毒病又称为黄矮病,多始于育苗期,幼苗生长速度缓慢或停止生长,病株明显矮缩,叶片波状或扁平,叶上出现黄绿色斑或黄色长条斑。预防措施和补救措施可参照大葱病毒病。②大蒜病毒病又称为花叶病。病株初沿叶脉产生断续的褪绿条点,后连接为褪绿黄条纹,病株矮化或畸形扭曲,心叶被包住不能伸展。病株鳞茎(蒜头)变小,蒜瓣减少或不分瓣,蒜头产量下降,品质变劣。本病是造成大蒜逐年退化的主要原因之一。预防措施和补救措施可参照大葱病毒病。

71. 怎样识别和防治洋葱颈腐病?

(1)症状识别要点 该病又称为灰霉病、灰色腐败病,主要危害叶鞘、花梗及鳞茎,是田间生长期及贮运过程中的主要病害。在田间发病,主要危害叶鞘、花梗及鳞茎颈部,初形成淡褐色的病斑,后内部组织腐烂,潮湿时病部长满灰色粉状霉,后期可在鳞茎表皮下产生直径1～5毫米的黑褐色片状物(菌核)。在贮藏期发病,先在颈部或肩部出现稍凹陷的病斑,而后变软,呈淡褐色,鳞片间有灰色霉层,后期产生黑褐色小菌核。鳞茎感病后常被软腐病再次危害,使鳞茎腐烂、发臭。注意:该病以病部有灰色霉层和黑褐色小菌核为特征,可与炭疽病和软腐病相区别。

(2)发生规律 由真菌侵染所致,除危害洋葱外,还可危害其他葱、蒜类蔬菜。低温、高湿,易发病。收获期遇雨,收获前晾晒不充分，鳞茎表皮未干，贮藏地湿度较大，发病重。

(3)预防措施 ①选用较抗病品种，与非葱蒜类蔬菜或禾本科作物实行3年以上轮作，可与棉花或玉米间作、套作。②采用高畦(垄)覆膜栽培，要采取多种措施，使鳞茎的大部分或全部露在地膜上。③施用腐熟有机肥，生长前期不可偏用氮肥。④适期适量浇水，不可大水漫灌，雨后注意排水。⑤清除杂草，及时防治各类虫害。⑥适时收获。鳞茎收获后需充分晾晒，干燥后再贮藏。贮藏温度为0℃、空气相对湿度为65%左右，经常进行通风换气。

(4)补救措施 ①发病初期，用50%多菌灵可湿性粉剂500倍液，或50%甲基硫菌灵可湿性粉剂500倍液，或75%百菌清可湿性粉剂600倍液，或50%腐霉利可湿性粉剂1 000～1 500倍液，或50%异菌脲可湿性粉剂1 000～1 500倍液，或50%乙烯菌核利可湿性粉剂1 000～1 500倍液喷雾。②收获后，全面清除病残体，运到田外深埋或烧毁。

(5)注意事项 注意洋葱灰霉病、洋葱小菌核病、洋葱(核盘菌)菌核病与本病的区别。①洋葱灰霉病：该病由真菌侵染所致，主要危害叶片，除危害洋葱外，还可危害大葱、韭菜等。低温、高湿，易发病。病叶出现白色椭圆形或近圆形斑点，直径1～3毫米，小白点可多达数百个，病斑不断扩大，能连成片而使叶卷曲枯死，空气湿度大时枯叶上出现大量灰霉。在花薹和小花上的病症，与叶尖发病相同。预防措施和补救措施可参照洋葱颈腐病。②洋葱小菌核病：该病由真菌侵染所致，主要危害叶片、花梗。气温在14℃、高湿或雨季，易发病。初仅叶片或花梗先端变色，后逐渐向下扩展，使葱株局部或全部枯死，仅留新叶。剥开新叶，里面有白色棉絮状物。病部表皮下散生黄褐色或黑色粒状物，有0.5～7毫米大小。预防措施和补救措施可参照洋葱颈腐病。③洋葱(核盘菌)菌核病：该病由真菌侵染所致，主要危害叶片、花梗，除危害洋葱外，还几乎可危害所有蔬菜种类。气温在15℃～20℃、空气相对湿度在85%以上，易发病，一般在2～5月份和9～12月份发病。重茬地、排水不良地，生长较弱时，发病重。病株的叶片或花梗先端变黄，逐渐向下扩展，后枯死下垂，后期病部变为灰白色，管状叶和根部长出白色至黑色不规则形物（菌核），有1～10毫米大小，有时数个菌核可黏合成一片。预防措施和补救措施可参照洋葱颈腐病。

72. 怎样防治洋葱干腐病？

（1）症状识别要点 该病又称为枯萎病、茎腐病，主要危害鳞茎。发病初期，病株中下部叶片萎蔫、发黄、弯曲；生育盛期洋葱鳞茎侧面呈软腐状腐败，后扩展到茎盘，拔出鳞茎可见腐败状斑块；收获期，重病株地上部全部萎蔫，根盘部及鳞茎、根均变褐枯死，根系稀疏或无，易拔起，整个鳞茎表现为干性腐烂。空气湿度大时，鳞片间产生白色霉状物，自茎盘部往鳞茎内部腐烂；干燥条件下，病组织变紫色死亡或整株枯死。贮藏期也可发病。

（2）发生规律 由真菌侵染所致，除危害洋葱外，还危害大蒜。气温在25℃～28℃、多雨，易发病，鳞茎膨大期为发病期。施用未腐熟有机肥地，施肥不当或施氮肥过多地，地下害虫严重地，大水漫灌地，低洼积水地，重茬地，发病重。

（3）预防措施 参照洋葱颈腐病。

（4）补救措施 ①初发病时，用77%氢氧化铜可湿性粉剂500倍液，或72.2%霜霉威盐酸盐水剂600倍液，或70%代森锰锌可湿性粉剂800倍液，在发病株四周重点灌根，并对全田鳞茎茎基部喷药。②及时拔除病株，收获后全面清除病残体，均运到田外深埋或烧毁。

（5）注意事项 大蒜干腐病的发生规律同洋葱干腐病，主要危害根部和鳞茎。若田间发病，病株叶尖发黄干枯或叶面出现浅黄色条斑，叶片多从叶尖迅速枯萎，扩展到鳞茎上时，鳞茎基部呈水浸状暗褐色，有的长出白色或粉红色霉，但病情发展缓慢，病株抽薹慢，拔出病株，可见根部呈褐色腐烂；若收获季节染病，不易识别带病鳞茎，在贮藏期多从根部发病并蔓延至鳞茎基部，导致蒜瓣发黄、逐渐干缩，后期病部可产生粉红色霉层。当田间出现萎黄植株，用50%甲基硫菌灵可湿性粉剂800倍液，或50%多菌灵可湿性粉剂600倍液，或75%百菌清可湿性粉剂600倍液灌根。其他预防措施和补救措施可参照洋葱干腐病。

73. 什么是洋葱软腐病？怎样防治？

(1)症状识别要点 该病主要危害鳞茎和叶片。田间多在鳞茎膨大期发病，在1～2片外叶下部产生半透明的灰白色病斑，使叶鞘基部软化而倒伏，鳞茎颈部出现水浸状凹陷，不久鳞茎内部腐烂，有汁液溢出并有恶臭味。贮藏期多从鳞茎颈部开始发病，手压病部有软化感，鳞片呈水浸状并流出白色带有恶臭味的汁液。

(2)发生规律 由细菌侵染所致，除危害洋葱外，还可危害大部分蔬菜种类。25℃～30℃为适宜发病温度。低洼潮湿地，连茬地，各类害虫多地，植株徒长地，易发病。

(3)预防措施 参照洋葱颈腐病。

(4)补救措施 ①及早拔除初发病株，往病穴内撒石灰250克灭菌。②初发病，用50%琥胶肥酸铜可湿性粉剂500倍液，或14%络氨铜水剂300倍液，或77%氢氧化铜可湿性粉剂500倍液，或72%硫酸链霉素可溶粉剂4000倍液，或硫酸链霉素·土霉素可湿性粉剂4000～5000倍液喷淋。③收获后，全面清除病残体，运到田外深埋或烧毁，深翻地。

(5)注意事项 ①洋葱球茎软腐病由细菌侵染所致，主要危害鳞茎和叶片。高温多雨季节，低洼潮湿地，土壤板结地，各类害虫多地，偏施氮肥地，易发病。鳞茎染病，内部鳞片腐烂，从外部则不容易发现，发病后期，整个鳞茎变软；叶片染病，多在叶部产生坏死斑。预防措施和补救措施可参照洋葱软腐病。②洋葱球茎腐烂病由细菌侵染所致，主要危害鳞茎。适宜发病温度为30℃～35℃。鳞茎染病，只有外面几层的新鲜鳞片受害，但不都是最外层的鳞片，病部发黏变黄腐烂。病部非水浸状，靠鳞茎上部皱缩，外面干枯的皮一碰即脱落，鳞茎心部呈薄膜状，腐烂处具酸味(可与软腐病区别)。预防措施和补救措施可参照洋葱软腐病。

74. 怎样识别和防治大蒜白腐病?

(1)症状识别要点 该病又称为菌核病，危害叶片、叶鞘和鳞茎。初染病时，外叶叶尖呈条状或叶尖向下变黄，后扩展到叶鞘及内叶，植株生长衰弱，整株变黄矮化或枯死。拔出病株，可见鳞茎表皮产生水浸状病斑，长有大量白色霉层，病部呈白色腐烂，在霉层中长出0.5～1毫米的黑色小粒状物(菌核)，茎基变软，鳞茎变黑腐烂。地下部多从接近须根部分开始发病，病部先呈湿润状，后逐渐向上扩展长出大量白色霉层。田间成片枯死，形成病窝。

(2)发生规律 由真菌侵染所致，除危害大蒜外，还危害大葱、洋葱、韭菜等。气温在20℃以下、空气相对湿度大于90%时(如遇阴雨天气持续时间长)，易发病，一般在大蒜4～5叶期开始表现症状。连茬地，长势衰弱地，缺肥地，排水不良地，发病重。

(3)预防措施 ①与非葱蒜类蔬菜实行3年以上轮作。②用50%甲基硫菌灵可湿性粉剂或50%多菌灵可湿性粉剂0.5千克、对水3～5升，与50千克蒜种拌匀，晾干后播种；或用蒜种重量0.2%的50%异菌脲可湿性粉剂，把异菌脲溶于蒜种重量6%的清水中，搅拌均匀后拌蒜种，晾干后播种。③早春进行追肥提苗，松土，注意排出田间积水。

(4)补救措施 ①发病初期，用50%多菌灵可湿性粉剂500倍液，或50%甲基硫菌灵可湿性粉剂600倍液，或50%异菌脲可湿性粉剂1000～1500倍液，或20%甲基立枯磷乳油1000倍液，喷淋根茎部。②及时挖除病株，带到田外烧毁。

(5)注意事项 ①大葱和洋葱的白腐病，由真菌侵染所致。气温15℃～20℃、春末夏初阴雨天气持续时间长，易发病；连茬地，缺肥地，排水不良地，发病重。病株叶片从顶尖开始向下变黄后枯死，幼株发病通常枯萎，成熟的植株数周后衰弱、枯萎，空气湿度大时，葱头和不定根上长出许多绒毛状白色霉，后霉层减退而露出黑色球形物(菌核)，根和鳞茎呈水浸状腐烂。用50%异菌脲可湿性粉剂拌种后播种，用药量为种子重量的0.3%；其他预防措施和补救措施可参照大蒜白腐病。②大蒜菌核病，又称为茎腐病，由真菌侵染所致，主要危害假茎部。气温在14℃～20℃、空气相对湿度在85%以上，易发病；春季雨水多或浇水过勤(使膜下相对湿度增高)，连茬地，排水不良地，发病重。初发病，病部呈水浸状，以后病斑变为暗色、黄褐色或灰白色，空气湿度大时病部变软，溃疡腐烂，表面长出白色绵毛状霉，腐烂部位发生强烈的蒜臭味。叶鞘腐烂后，上部叶片逐渐黄化枯死，蒜根须、根盘腐烂，蒜头散瓣，一般在5月上旬后可在病部见到黑褐色鼠粪状物或薄片状物或三角形物(菌核)。预防措施和补救措施可参照大蒜白腐病。

75. 大蒜有哪些细菌性病害？如何防治？

大蒜细菌性病害有细菌性软腐病、心腐病和根腐病。预防措施是：第一，精选大粒、整齐、无损伤的大蒜作种蒜。第二，与非葱蒜类蔬菜实行3年以上轮作，选地势平坦、富含有机质、排灌方便的壤土作种植田，播前深耕垡晒、耙平，做到上松下实；采用配方施肥，施足腐熟有机肥，增施磷、钾肥。第三，适时播种，合理密植，采用高畦深沟栽培，播后浇透水，浇水后覆盖地膜。第四，及时防治蓟马和根蛆等。第五，应早拔除病株，带到田外深埋，并对症用药。

(1)细菌性软腐病 ①症状识别要点：大蒜染病后，先从叶缘或中脉发病，并逐渐扩大，形成黄白色条斑，贯穿全叶，空气湿度大时病部呈黄褐色软腐状。一般基叶先发病，后渐向顶叶扩展蔓延，致全株枯黄或死亡，重病田挥发出浓烈的大蒜素气味。②发生规律：一般在 11 月至翌年 5 月上旬发病。此期若多雨、寡照，或是高温大雨或暴雨(俗称“热雨”)，或浇灌后遇大雨又不能及时排水时，易发病；黏土地，早播地，偏施氮肥地，发病重。③药物防治：用 5 千克 77%硫酸铜钙(多宁)可湿性粉剂 50 倍液，与 50～75 千克蒜种拌均匀，晾干后播种。发病初期，用 50%琥胶肥酸铜可湿性粉剂 500 倍液，或 77%氢氧化铜可湿性粉剂 500 倍液，或 14%络氨铜水剂 300 倍液，或 77%硫酸铜钙可湿性粉剂 1 000 倍液，或 72%硫酸链霉素可溶粉剂 4 000 倍液喷淋。

(2)心腐病 ①症状识别要点：大蒜染病后，出现失调生长，叶尖向里变暗褐色；整株粗缩，不向上伸展；生长点(基部)软化腐败，基部膨大且柔软，由内而外腐烂，散发出鱼腥恶臭，重者整株死亡。②发生规律：在 11 月至翌年 4 月上旬为发病期，湿度是影响发病的主要因素，若 2 月下旬至 3 月上旬多雨，或年后浇水，易发病；偏施氮肥或过量施有机肥地，种大白蒜地，早茬蒜地，发病重。③药物防治：用大蒜脱毒王 80 毫升对水 100 升，浸泡 200 千克蒜种 6 小时左右，捞出晾 2～3 小时后播种。播种时，每 667 平方米用大蒜重茬剂 3～4 千克与细土 30 千克拌匀后撒施。初发病，先拔除病株，每 667 平方米用 20%噻菌铜(龙克菌)悬浮剂 60～90 克，对水 40～60 升喷雾。

(3)根腐病 ①症状识别要点：早春大蒜返青期发生叶尖干枯现象，主要是由根腐病引起的。植株染病后，初生根由根尖向基部腐烂，而后次生根相继腐烂，部分植株连蒜母一起腐烂，腐烂处有恶臭味，易引发地蛆及其他寄生性害虫；病株叶片褪绿发黄，并从叶尖开始沿叶脉纵向软腐，植株矮小，生长发育失调，严重时死亡。②发生规律：该病多与当地在玉米收获后，没有对土壤进行必要的消毒就播种大蒜有关。③药物防治：用 77%硫酸铜钙可湿性粉剂 150 克,对水 8 升,均匀喷洒 100 千克蒜种,晾干后播种。在发病初期,每 667 平方米用 20%噻菌铜悬浮剂 30～90 毫升,对水 40～60 升喷淋;或每 667 平方米用 50%氯溴异氰尿酸(灭菌成)可湿性粉剂 30～60 克,对水 50 升喷淋。

76. 大蒜有哪些叶部病害? 如何防治?

大蒜叶部病害有疫病、叶疫病、煤斑病和灰叶斑病。预防大蒜叶部病害的措施,可参照大蒜细菌性病害的预防措施。

(1)疫病 ①症状识别要点:该病由真菌侵染所致,主要危害叶片,在病叶片中部或叶尖初生苍白色至浅黄色水浸状斑,边缘浅绿色,病斑扩展快,3～5 天半个叶片或整个叶片萎垂,空气湿度大时病斑腐烂,上生稀疏灰白色霉(干燥时易消失),致全株枯死。②发生规律:在气温 25℃～32℃、空气相对湿度大于 95%,并有水滴存在时,发病重;播期过晚地,施氮肥过早、过量地,缺肥地,浇水次数过多地,种植过密地,易发病。③药物防治:发病初期,用 72%霜脲·锰锌可湿性粉剂 800～1 000 倍液,或 72.2%霜霉威盐酸盐水剂 800 倍液,或 58%甲霜·锰锌可湿性粉剂 500 倍液,或 64%噁霜·锰锌可湿性粉剂 400～500 倍液喷雾。

(2)叶疫病 ①症状识别要点:该病由真菌侵染所致,主要危害叶片、叶鞘,除危害大蒜外,还可危害大葱、洋葱、黄花菜。叶片染病可分为尖枯型和叶斑型两种症状表现。尖枯型:主要发生在初受害阶段,叶尖呈深褐色,在其上形成许多深紫褐色斜状平行的斑纹,严重的病斑扩展至全叶的 1/3～4/5,或全叶干枯死亡。叶斑型:发病初期在叶片上出现短条状小型略凹陷的侵蚀斑,后病斑迅速扩大,变为梭形至长椭圆形,组织坏死,凹陷,多为紫褐色,中央色较深,也有的呈乳白色。叶疫病大发生时,经 10～15 天全田枯死。②发生规律:一般 4 月下旬至 5 月中下旬为发病期,若日均气温 24℃～28℃、并连续有 3 次以上 12 毫米的降雨,易发病。③药物防治：发病初期，用50%腐霉利可湿性粉剂1000倍液，或50%异菌脲可湿性粉剂1000倍液，或50%多菌灵可湿性粉剂1000倍液，或50%苯菌灵可湿性粉剂1500倍液，或65%甲硫·乙霉威可湿性粉剂1000～1500倍液喷雾。

(3)煤斑病 ①症状识别要点：该病又称为叶斑病，由真菌侵染所致，主要危害叶片。病叶初生苍白色小点，逐渐扩大后形成以长轴平行于叶脉的椭圆形或梭形病斑，中央枯黄色，边缘红褐色，外围黄色，并迅速向叶片两端扩展，尤以向叶尖方向扩展的速度为最快，致叶尖扭曲枯死。病斑中央深橄榄色，空气湿度大时呈绒毛状，干燥时呈粉状；病斑大小为1.0～2.5厘米×0.5～0.8厘米，少数有7.5厘米×1.2厘米，病情严重时其上出现深橄榄色绒毛状物（可与叶枯病区别），全株枯死。②发生规律：气温在10℃～20℃、空气相对湿度90%，易发病。从苗期到鳞茎膨大期均可发病。阴雨潮湿天气，植株生长不良及生长后期，发病重。③药物防治：发病初期，用75%百菌清可湿性粉剂600倍液，或65%代森锌可湿性粉剂400～600倍液，或1∶1∶100波尔多液喷雾。

(4)灰叶斑病 ①症状识别要点：该病又称为灰斑病，由真菌侵染所致，主要危害叶片。病斑长椭圆形，大小为4～7毫米×1～3毫米，初呈淡褐色，后变灰白色，叶两面病斑生微细灰黑色霉状物，严重的病斑汇合，致叶片局部枯死。②发生规律：在昼暖夜凉、雾大、露重的天气，发病重。③药物防治：发病初期，用75%百菌清可湿性粉剂600倍液，或50%异菌脲可湿性粉剂1500倍液，或64%噁霜·锰锌可湿性粉剂500倍液，或50%硫磺·多菌灵悬浮剂500倍液，或77%氢氧化铜可湿性粉剂500倍液，或1∶1∶100波尔多液喷雾。

77. 怎样防治大蒜贮藏期病害？

大蒜贮藏期病害有青霉病、黑头病、红腐病和蒜薹黄斑病。

(1)青霉病 ①症状识别要点：由真菌侵染所致，主要危害鳞茎。被害蒜瓣上出现水浸状灰褐色或淡黄色不规则形凹陷病斑，空气湿度大时，长出青蓝色或绿色的霉状物，贮存时间久，霉状物增厚，呈粉块状；严重时，蒜瓣内部受害，组织发黄、松软干腐，通常蒜头上有一至数个蒜瓣干腐。②防治措施：在收获前7天，用70%甲基硫菌灵可湿性粉剂1 000倍液，或50%苯菌灵可湿性粉剂1 500倍液，全田喷雾。不宜在雨后、露水未干及大雾天采收。贮藏窖在使用前，按每立方米空间用10克硫磺粉，密闭熏蒸24小时灭菌。贮藏条件以温度5℃～9℃、空气相对湿度90%左右为宜。

(2)黑头病 ①症状识别要点：由真菌侵染所致，主要危害鳞茎。染病蒜瓣上，初生具有紫红色边缘的小凹陷斑，后病斑扩大，凹陷更明显，病斑上长出黑色丛霉状物。②防治措施：在收获前，用75%百菌清可湿性粉剂600倍液，或70%代森锰锌可湿性粉剂800倍液，全田喷雾。贮藏条件以温度5℃～9℃、空气相对湿度90%左右为宜。

(3)红腐病 ①症状识别要点：由真菌侵染所致，主要危害鳞茎。被害蒜瓣上出现褐色不规则形凹陷病斑，长出淡红色霉状物。②防治措施：可参照青霉病。

(4)蒜薹黄斑病 ①症状识别要点：由真菌侵染所致，主要危害蒜薹。在田间蒜薹上出现黄色斑，入冷库冷藏3～4个月，黄色斑处向下凹陷，逐渐腐烂。②防治措施：在收获前，用50%异菌脲可湿性粉剂1 500倍液，或70%代森锰锌可湿性粉剂500倍液，全田喷雾。在预冷后贮藏保鲜时，按每立方米空间用5～7克3%噻菌灵（保鲜灵）烟剂熏蒸。

六、绿叶菜类蔬菜病害

78. 发生芹菜斑枯病后该怎么办?

(1)症状识别要点 该病又称为晚疫病、火龙等,危害叶片和叶柄,幼苗期就可发病。发病初期,病叶上长出水渍状淡褐色圆形或近圆形小斑点,后逐渐扩展,病斑中心开始坏死。到后期,病斑可分为大斑型和小斑型两种类型。大斑型直径3～10毫米,边缘明显,外缘呈深红色、中间褐色,中央部分散生少量黑色小点;小斑型直径很少超过3毫米,外缘有黄色晕圈、中间黄白色至灰白色,边缘聚生许多小黑点。叶柄受害,出现深灰色呈长圆形稍凹陷病斑,其上密生小黑点,严重时整个叶片干枯,叶柄腐烂,在贮运期间可继续危害。

(2)发生规律 由真菌侵染所致。气温为20℃～25℃、空气相对湿度为95%以上时,易发病。连阴雨天,气温高低变化频繁,昼夜温差大,结露多时,易发病;种植过密地,施肥不足地,管理粗放地,植株长势较弱地,发病重。

(3)预防措施 ①用温水浸种(需增加10%的播种量),或用贮藏2年以上的种子播种。②与非芹菜作物实行2～3年轮作,不与芹菜邻作。②调整播种时期,使早芹菜和二茬芹菜避过病害流行适期。③施足腐熟有机肥作基肥,在高温季节不追施人粪尿,改用化肥。④适度密植,小水勤浇,雨后及时排水、中耕。

(4)补救措施 ①初发病,用75%百菌清可湿性粉剂600倍液,或50%多菌灵可湿性粉剂500倍液,或65%代森锌可湿性粉剂500倍液,或1∶0.5∶200波尔多液,或40%硫磺·多菌灵悬浮剂500倍液,或64%噁霜·锰锌可湿性粉剂500倍液,或60%

琥铜·乙膦铝可湿性粉剂500倍液喷雾。②清除病株残体，运到田外深埋。

79. 怎样避免芹菜叶斑病的发生？

(1)症状识别要点 该病又称为早疫病、斑点病等，危害叶片和叶柄。病叶初现水浸状黄绿色斑点，很快扩展成直径4～10毫米圆形或不规则形病斑。病斑呈褐色或灰褐色，其边缘黄色或深褐色，病斑互相连接，导致叶片枯死。叶柄发病，出现直径3～7毫米灰褐色略凹陷椭圆形病斑，严重时病株倒伏，空气湿度大时病部出现灰白色稀疏霉层，在阳光下很快消失。

(2)发生规律 由真菌侵染所致。气温20℃～28℃、空气相对湿度80％以上，高温多雨，或高温干旱但夜间露水多，易发病。大水漫灌地，肥力不足地，植株长势弱的地，发病重。

(3)预防措施 参照芹菜斑枯病。

(4)补救措施 ①初发病，用50％甲基硫菌灵可湿性粉剂500倍液，或75％百菌清可湿性粉剂600倍液，或80％福美双可湿性粉剂400倍液，或70％代森锰锌可湿性粉剂500倍液，或77％氢氧化铜可湿性粉剂500倍液喷雾。②清除病株残体，运到田外深埋。

80. 芹菜菌核病会出现什么样症状？怎样防治？

(1)症状识别要点 该病主要危害茎、叶。病部初呈水浸状暗绿色，后转呈褐色湿腐至软腐，表面长满白色霉层，后在霉层中出现黑色鼠粪状物(菌核)。

(2)发生规律 由真菌侵染所致，除危害芹菜外，还几乎可危害所有蔬菜种类。气温15℃、空气相对湿度80％以上时，易发病。连作地，低洼地，排水不良地，偏施氮肥地，发病重。

(3)预防措施 ①用10％盐水选种，除去混在种子中的菌核后，再用清水洗净种子，晾干播种。②采用水旱轮作和地膜覆盖栽培。③其他预防措施参照芹菜斑枯病。

(4) 补救措施 ①及早拔除病株，清除病株残体，均运到田外深埋，并深翻地。②初发病，用50%乙烯菌核利可湿性粉剂1 000倍液，或50%异菌脲可湿性粉剂1 500倍液，或50%腐霉利可湿性粉剂2 000倍液，重点喷洒植株下部和根际处。

(5) 注意事项 茼蒿菌核病主要危害茎基部，发病初期呈水浸状褐色腐烂，空气湿度大时病部表面长出白色霉层，后期形成菌核。菌核初白色，后变为鼠粪状黑色颗粒状物，致植株倒折或枯死。发生规律与芹菜菌核病相似，可参照芹菜菌核病的预防措施和补救措施防治。

81. 怎样防治芹菜软腐病？

(1) 症状识别要点 该病主要危害茎、叶柄基部。病部先出现水浸状、淡褐色纺锤形或不规则形的凹陷斑，后呈湿腐状，变黑发臭，仅残留表皮或维管束组织，病株最后倒伏。苗期多引起烂心、死苗。

(2) 发生规律 由细菌侵染所致，除危害芹菜外，还可危害大部分蔬菜种类。25℃～30℃为适宜发病温度。生长后期高温多雨，病虫及人为造成的伤口多，发病重。低洼积水地，管理粗放地，连茬地，种植过密地，易发病。

(3) 预防措施 ①与大麦、小麦、豆类实行2年以上轮作。②起宽垄种植，合理密植。③农事操作避免伤根。④培土时，避免把叶柄埋入土中。雨后及时排水，发病期控制浇水。

(4) 补救措施 ①及早挖除病株，病穴内撒入250克石灰灭菌；清除病株残体，均运到田外深埋。②发病初，用72%硫酸链霉素可溶粉剂或硫酸链霉素·土霉素可湿性粉剂3 000～4 000倍液，或14%络氨铜水剂350倍液，或50%琥胶肥酸铜可湿性粉剂

500 倍液，或 47%春雷·王铜可湿性粉剂 400～600 倍液喷雾，重点喷洒叶柄及茎基部和根际处。

82. 菠菜叶背出现紫灰色霉是什么病？怎样防治？

(1)症状识别要点 这是菠菜霜霉病，主要危害叶片，植株的下部叶片先发病。病叶初现浅绿色无明显边缘的小斑点，后逐渐扩大成不规则形病斑，病斑的叶背面处出现灰白色霉层，后期变紫灰色。危害严重时，在干旱条件下病叶枯黄，常引起病株叶片枯黄，遇潮湿病叶腐烂。若植株被系统侵染时，病株出现萎缩、矮化，叶片皱缩、扭曲呈黄绿色。

(2)发生规律 由真菌侵染所致。气温 10℃左右，空气相对湿度 85%以上，昼夜温差大和多雨潮湿的天气，易发病。通风不良地，田间积水地，过早播种地，密度过大地，发病重。

(3)预防措施 ①实行 2～3 年轮作，施足基肥，合理密植。②适期浇返青水，浇水不要勤，不可大水漫灌。③铲除田间杂草。④雨后排出积水。

(4)补救措施 ①及早清除越冬菠菜或早春菠菜的病枯叶片，发现萎缩植株须立即拔除，均运到田外深埋。②发病初期，用 58%甲霜·锰锌可湿性粉剂 500 倍液，或 40%三乙膦酸铝可湿性粉剂 250 倍液，或 25%甲霜灵可湿性粉剂 800～1 000 倍液，或 72.2%霜霉威盐酸盐水剂 800 倍液，或 64%噁霜·锰锌可湿性粉剂 500 倍液，或 75%百菌清可湿性粉剂 600 倍液，或 1∶1∶300 波尔多液喷雾，注意往叶背面喷药。

83. 菠菜叶片上出现白色病斑是什么病？怎样防治？

(1)症状识别要点 这是菠菜叶斑病，又称为白斑病，危害叶片，下部叶片先发病。叶片染病，初期病部中间褪绿，外缘淡褐色至紫褐色，后逐渐扩展为白色斑，病斑圆形至近圆形，边缘明显，直径 0.5～3.5 毫米；空气湿度大时，有些病斑上可见灰褐色霉状物，干湿变换剧烈时，病部中间易破裂，有的长出灰色霉状物。

(2)发生规律 由真菌侵染所致。温暖高湿环境易发病。地势低洼地，窝风地，管理不善地，生长势弱的地，发病重。

(3)预防措施 参照菠菜霜霉病。

(4)补救措施 ①发病初期，用 30%碱式硫酸铜悬浮剂 400～500 倍液，或 1：0.5：160 波尔多液，或 75%百菌清可湿性粉剂 700 倍液，或 50%乙霉・多菌灵可湿性粉剂 1 000 倍液喷雾。②清除病残体，运到田外深埋。

84. 怎样避免发生菠菜黑斑病?

(1)症状识别要点 该病主要危害叶片。病叶上病斑为圆形或近圆形，淡褐色至褐色，直径 2～6 毫米，微具同心轮纹，病斑上生黑色的霉状物。

(2)发生规律 由真菌侵染所致。多雨年份或田间湿度高，易发病。

(3)预防措施 参照菠菜霜霉病。

(4)补救措施 ①发病初期，用 70%代森锰锌水分散粒剂 500 倍液，或 70%百菌清可湿性粉剂 600 倍液，或 50%异菌脲可湿性粉剂 1 000 倍液，或 64%噁霜・锰锌可湿性粉剂 500 倍液，或 47%春雷・王铜可湿性粉剂 1 000 倍液喷雾。②清除病残体，运到田外深埋，深翻地。

85. 怎样防治菠菜病毒病?

(1)症状识别要点 该病可危害全株，病株叶片呈花叶状或心叶萎缩，老叶提早枯死、脱落或植株卷缩成球形。田间病株可出现多种症状表现：如叶片变得细小、畸形或缩节丛生；或出现浓淡相间的斑驳，叶缘上卷；或出现明脉和新叶变黄，或产生斑驳，叶缘向下卷曲。

(2)发生规律 由病毒侵染所致。春、秋两季温暖偏旱，高温低湿，蚜虫发生较重，易发病。风障菠菜地，根茬菠菜地，早播地，窝风地，靠近萝卜、黄瓜、桃树等的地，缺水肥地，管理粗放地，发病重。

(3)预防措施 ①选择通风条件好，并不与菠菜、萝卜、黄瓜、桃树等邻茬的地种植。②适期播种，及早清除田间杂草。③施足腐熟有机肥作基肥，适当增施磷、钾肥；遇春旱或秋旱时，要适时适量浇水。④采取多种措施早治蚜虫，入冬前为治蚜关键期。

(4)补救措施 ①早拔除病株，并运到田外深埋或烧毁。②初发病，用1.5%烷醇·硫酸铜水乳剂1000倍液，或0.5%菇类蛋白多糖水剂300倍液，或20%吗胍·乙酸铜可湿性粉剂500倍液，或5%菌毒清水剂300倍液喷雾。

(5)注意事项 茼蒿病毒病由病毒侵染所致，症状表现多样。有的病株叶片出现褪绿或叶色浓淡不均，呈轻花叶或重花叶状；有的病株叶片出现畸形、皱缩、卷曲；有的病株叶片变细，呈条状或线状；有的病株出现顶芽或腋芽簇生状。发病早的，全株明显矮缩；发病迟的，植株生长迟缓。蚜虫发生多的年份或季节，发病重。预防措施和补救措施参照菠菜病毒病。

86. 茼蒿霜霉病会出现哪些症状？怎样防治？

(1)症状识别要点 该病主要危害叶片，下部叶先发病，逐渐向上发展。病叶多从叶顶端出现褪绿的淡黄色小斑，扩大后呈不规则形褐色褪绿病斑，边缘不明显，空气湿度大时，病斑背面处产生一层白色霉，干旱时病叶枯黄；发病严重时，多个病斑相互连接成片，呈枯黄色至褐色，使病株叶片变黄枯死。

(2)发生规律 由真菌侵染所致。气温15℃～17℃、空气相对湿度85%以上，昼夜温差大，结露时间长，雾天多，阴雨天等，易发病。种植过密地，施用氮肥过多地，生长过旺地，灌水过多或排水不良地，发病重。

(3)预防措施 ①选种抗病品种，与非菊科蔬菜实行2～3年轮作，采用深沟高畦栽培，合理密植。②用35%甲霜灵种子处理制剂拌种，用药量为种子重量的0.2%～0.3%；或用50%福美双可湿性粉剂拌种，用药量为种子重量的0.3%～0.4%。③科学施肥，增施磷、钾肥，适时灌溉，雨后及时排水。

(4)补救措施 ①发病初期，用40%三乙膦酸铝可湿性粉剂250倍液，或58%甲霜·锰锌可湿性粉剂500倍液，或72%霜脲·锰锌可湿性粉剂700倍液，或72.2%霜霉威盐酸盐水剂1000倍液，或75%百菌清可湿性粉剂600倍液，或64%噁霜·锰锌可湿性粉剂500倍液喷雾。②及时拔除病株，收获后清除田间病残体，运到田外深埋，并深翻地。

87. 怎样避免发生茼蒿叶枯病？

(1)症状识别要点 该病只危害叶片。叶片染病，出现圆形至不规则形灰褐色病斑，3～5毫米大小，后中部褪绿为灰褐色至灰白色，边缘褐色，空气湿度大时，斑面出现暗灰色或黑色霉状物，严重时病斑连成片，使叶片枯死，但久留茎上不脱落。

(2)发生规律 由真菌侵染所致。温暖潮湿，昼夜温差大，结露时间长，雾多雾大，多雨，易发病。连茬地，低洼排水不良地，种植过密地，浇水过多地，缺肥地，管理粗放地，植株生长不良地，发病重。

(3)预防措施 可参照茼蒿霜霉病预防措施中的①和③。

(4)补救措施 ①发病初期，用50%异菌脲可湿性粉剂1500倍液，或50%苯菌灵可湿性粉剂1500倍液，或40%硫磺·多菌灵悬浮剂1000倍液，或40%三唑酮·多菌灵可湿性粉剂800～1000倍液，或20%丙硫多菌灵悬浮剂1000倍液，或40%三唑酮·硫磺悬浮剂800倍液喷雾。②收获后清洁田园，并深翻地。

(5)注意事项 茼蒿叶斑病又称为(叶点霉)叶斑病、叶点霉黑点病，亦由真菌侵染所致，危害叶片。病斑呈圆形至椭圆形或不规则形，深褐色，微具轮纹，边缘紫褐色，外围具变色而未死的寄主组织，后期病斑上产生黑色小粒点。发生规律和预防措施可参照茼蒿叶枯病。发病初期，可用70%甲基硫菌灵可湿性粉剂1000倍液加75%百菌清可湿性粉剂1000倍液，或60%多菌灵盐酸盐可湿性粉剂800倍液，或30%碱式硫酸铜悬浮剂400倍液喷雾。

88. 怎样防治茼蒿炭疽病?

(1)症状识别要点 主要危害叶片和茎。叶片染病，初生白色至黄褐色小斑点，后扩展为不规则形或圆形褐斑，边缘稍隆起，2～5毫米大小；茎染病，初生黄褐色小斑，后扩展为长条形或椭圆形稍凹陷的褐斑，病斑绕茎一周后，病部褐变收缩，致病部以上茎叶枯死。空气湿度大时，病部溢出红褐色液体。

(2)发生规律 由真菌侵染所致。在气温20℃左右、空气相对湿度93%以上，雾多雾大天，多雨天，易发病。连茬地，低洼地，排水不良地，种植过密地，浇水过多地，肥料不足或缺磷、钾肥地，发病重。

(3)预防措施 可参照茼蒿霜霉病预防措施中的①和③。

(4)补救措施 ①发病初期，用25%溴菌腈可湿性粉剂600倍液，或50%咪鲜·氯化锰可湿性粉剂1000～1500倍液，或50%多菌灵可湿性粉剂500倍液，或80%代森锰锌可湿性粉剂600～800倍液，或70%甲基硫菌灵可湿性粉剂1000～1200倍液喷雾。②及时拔除病株，收获后清洁田园，并深翻整地。

89. 什么是茼蒿细菌性萎蔫病? 怎样防治?

(1)症状识别要点 该病又称为细菌性疫病，主要危害茎、叶。

发病初期,1 个或几个分枝呈现灰绿色,中午萎蔫,早晚可恢复,茎易捏扁;后生长点变色,渐干枯,剖开病茎,维管束、髓部变褐腐烂,轻者仅下部叶片坏死干枯,严重的全株枯萎。

(2)发生规律 由细菌侵染所致,通过分苗或定植等农事操作过程进行危害。

(3)预防措施 ①用 72%硫酸链霉素可溶粉剂 1 000 倍液浸泡秧苗茎基部 4 小时后,再定植。②在田间操作时,尽量减少伤口。③其他可参照茼蒿霜霉病预防措施中的①和③。

(4)补救措施 ①发病初期,用 30%碱式硫酸铜悬浮剂 400 倍液,或 47%春雷·王铜可湿性粉剂 800 倍液灌根。②发现病株及时拔除。

90. 怎样识别和防治蕹菜叶部的真菌病害?

蕹菜叶部真菌病害有褐斑病、(球腔菌)褐斑病、轮纹病、(柱盘孢)叶斑病、(茄匍柄霉)叶斑病、(帝纹尾孢)叶斑病等。预防措施是:第一,根据当地条件,选择早熟,或耐寒,或耐热,或耐风雨的优良品种。第二,与其他蔬菜实行 2～3 年轮作,旱地可采用高畦栽培,浅水栽培则选择排水方便地,要合理密植。第三,施用腐熟的有机肥作基肥,增施磷、钾肥,勤施少施追氮肥;在早晨适量浇水,不可大水漫灌,雨后及时排水。第四,分期适时采收上市。第五,对症喷药。第六,收获后彻底清园,收集烧毁病残物,并深翻晒土。

(1)褐斑病 ①症状识别要点:该病主要危害叶片。病叶初生黄褐色小点,后扩展成圆形至椭圆形或不规则形黑褐色病斑,直径 4～8 毫米,边缘明显,病重时病斑相互连接,病叶黄枯而死。病斑面无轮纹或轮纹不明显,上有近灰色霉状物。②发生规律:温暖多湿天气,低洼地,排水不良地,种植过密地,易发病。③药物防治:用 35%甲霜灵种子处理制剂拌种,用药量为种子重量的

0.3%。发病初期,用58%甲霜·锰锌可湿性粉剂500倍液,或40%三乙膦酸铝可湿性粉剂250～300倍液,或50%琥铜·甲霜灵可湿性粉剂600～700倍液,或72.2%霜霉威盐酸盐水剂800倍液,或64%噁霜·锰锌可湿性粉剂500倍液喷雾。

(2)(球腔菌)褐斑病 ①症状识别要点:该病主要危害叶片。病叶初生褐色圆形叶斑,四周具褐色晕圈,扩展后有同心轮纹,斑面上散生黑色小粒点。②发生规律:天气多雨潮湿,易发病。③药物防治:发病初期,用70%代森锰锌水分散粒剂500倍液,或36%甲基硫菌灵悬浮剂600倍液,或50%多菌灵可湿性粉剂600～700倍液,或50%苯菌灵可湿性粉剂1500倍液喷雾。

(3)轮斑病 ①症状识别要点:该病主要危害叶片。病叶初生褐色小斑点,后逐渐扩大为圆形、椭圆形或不规则形病斑,呈浅褐色至红褐色,有2.5～32毫米×1.5～28毫米大小。病斑上有同心轮纹,其上还可见针头大的稀疏小黑粒。严重时叶片病斑密布,多个病斑可连成不规则形大斑,病斑易破裂并脱落,造成叶片穿孔,病叶片部分或大部分干枯。②发生规律:连阴雨天气,易发病;连作地,低洼地,排水不良地,种植过密地,发病重。③药物防治:发病初期,用58%甲霜·锰锌可湿性粉剂500倍液,或75%百菌清可湿性粉剂600～700倍液,或45%代森铵水剂1000倍液,或1∶0.5∶160～200波尔多液,或20%丙硫多菌灵悬浮剂1000倍液喷雾。

(4)(柱盘孢)叶斑病 ①症状识别要点:该病主要危害叶片。病叶初生黄色或黄褐色病斑,边缘不明显,病斑受叶面限制呈圆形或不规则形,后期病斑颜色渐深,四周具黄色晕圈,有的表面破裂,后全叶枯死。空气湿度大时,在病斑表面可见浅灰色霉层。有时也危害叶柄和茎。②发生规律:潮湿多雨季节或反季节栽培时,易发病。③药物防治:发病初期,用30%碱式硫酸铜悬浮剂400倍液,或50%琥胶肥酸铜悬浮剂500倍液,或14%络氨铜水剂

300 倍液喷雾。

(5)(茄匍柄霉)叶斑病 ①症状识别要点：该病主要危害叶片。病叶上出现圆形至多角形的灰褐色至灰白色病斑，小而多，病斑中部后蜕变为灰褐色，斑点脱落后成穿孔。有时也危害叶柄和茎。②发生规律：潮湿多雨季节或反季节栽培时，易发病。③药物防治：发病初期，用 75%百菌清可湿性粉剂 600 倍液，或 50%异菌脲可湿性粉剂 1 500 倍液，或 64%噁霜·锰锌可湿性粉剂 500 倍液，或 30%碱式硫酸铜悬浮剂 400 倍液，或 50%琥胶肥酸铜悬浮剂 500 倍液喷雾。

(6)(帝纹尾孢)叶斑病 ①症状识别要点：该病主要危害叶片。病叶上出现圆形或近圆形的褐色至深褐色病斑，有清晰轮纹，中央灰白色，发病重时，病斑多相互融合致叶片成大块状焦枯斑(可与褐斑病与轮斑病区别)。空气湿度大时，在病斑上常生灰色绒毛状霉。②发生规律：适宜发病条件为气温 24℃～26℃、空气相对湿度 85%以上，高温多雨天气易发病。③药物防治：初发病，用 75%百菌清可湿性粉剂 600 倍液，或 58%甲霜·锰锌可湿性粉剂 500 倍液，或 80%代森锰锌可湿性粉剂 1 000 倍液，或 50%苯菌灵可湿性粉剂 1 500 倍液喷雾。

91. 怎样防治莴苣(笋)霜霉病？

(1)症状识别要点 该病主要危害叶片，由下部叶向上蔓延。病叶初生淡黄色近圆形或多角形病斑，直径 5～20 毫米，潮湿时叶背病斑长出白色霉，有时可蔓延到叶正面；后期病斑枯死变成黄褐色并连成片，致全叶枯死。

(2)发生规律 由真菌侵染所致。气温为 15℃～17℃，阴雨连绵的春末或秋季发病重。种植过密地，定植后浇水过早、过多地，土壤潮湿或排水不良地，易发病。

(3)预防措施 ①选种抗(耐)病品种，与豆类、茄果类蔬菜实行 2～3 年轮作，采用地膜畦作或高垄栽培。②分苗和定植时，淘汰病苗，合理密植，不可偏施氮肥，增施磷、钾肥。③勤中耕，多松土，不能大水漫灌，雨后注意排出积水。④适时摘除老叶，带出田外深埋。

(4)补救措施 ①及时摘除病叶。②初发病，用 58%甲霜·锰锌可湿性粉剂 500 倍液，或 69%安克·锰锌可湿性粉剂 1 000 倍液，或 80%代森锰锌可湿性粉剂 600～800 倍液，或 75%百菌清可湿性粉剂 600 倍液，或 72%霜脲·锰锌可湿性粉剂 1 000 倍液，或 2%抗霉菌素 120 水剂 150 倍液喷雾，注意往叶背面喷药。③病苗、病叶和收获后清除的病残体，均应带到田外深埋。

92. 什么是莴苣(笋)褐斑病？怎样防治？

(1)症状识别要点 该病主要危害叶片。叶斑表现两种症状：一种是初呈水渍状，后逐渐扩大为圆形至不规则形、褐色至暗灰色病斑，直径 2～10 毫米不等；另一种是深褐色病斑，边缘不规则，外围具水渍状晕圈。潮湿时斑面上生暗灰色霉状物，严重时病斑互相融合，致叶片变褐干枯。

(2)发生规律 由真菌侵染所致。多雨天，或雾大露水大的天气，易发病。植株生长不良地，偏施氮肥长势过旺地，发病重。

(3)预防措施 可参照莴苣(笋)霜霉病。

(4)补救措施 ①初发病，用 40%硫磺·多菌灵悬浮剂 500 倍液，或 75%百菌清可湿性粉剂 1 000 倍液加 70%甲基硫菌灵可湿性粉剂 1 000 倍液，或 50%异菌脲可湿性粉剂 1 500 倍液，或 60%琥铜·乙膦铝可湿性粉剂 500 倍液喷雾。②早摘病叶，收获后清除病残体，均带到田外深埋或烧毁。

93. 怎样识别和防治莴苣(笋)黑斑病？

(1)症状识别要点 该病又称为轮纹病、叶枯病，主要危害叶片，病叶上形成圆形或近圆形、褐色至灰褐色病斑，一般直径为3～15毫米（因不同条件，造成病斑大小的差异），具有同心轮纹。在田间，一般病斑上看不到霉状物。

(2)发生规律 由真菌侵染所致。温暖潮湿，阴雨天，结露水时间长，易发病。植株生长不良地，土壤肥力不足地，发病重。

(3)预防措施 可参照莴苣（笋）霜霉病。

(4)补救措施 ①初发病，用75%百菌清可湿性粉剂600倍液，或50%异菌脲可湿性粉剂1 500倍液，或40%克菌丹可湿性粉剂400倍液，或50%甲基硫菌灵可湿性粉剂500倍液喷雾。②早摘病叶，收获后清除病残体，均带到田外深埋或烧毁。

94. 怎样避免发生莴苣（笋）菌核病？

(1)症状识别要点 该病主要危害茎基部。病部初产生水渍状浅褐色不规则形病斑，后扩展到整个茎基部腐烂，或沿叶帮向上发展，造成烂帮、烂叶，最后植株萎蔫枯死；空气湿度大时，病部产生棉絮状的白色霉，后在茎内外形成白色粒状物，逐渐变成黑色的鼠粪状物（菌核）。

(2)发生规律 由真菌侵染所致，除危害莴苣（笋）外，还几乎可危害所有蔬菜种类。气温15℃、空气相对湿度85%以上时，易发病。连作地，种植过密地，低洼地，排水不良地，浇水过多地，偏施氮肥或肥料不足地，管理粗放地，植株长势弱的地，发病重。

(3)预防措施 ①栽种（定植）6～8片真叶的带土壮苗。②使用黑色地膜覆盖。注意要提高盖膜质量，使膜紧贴地面，并避免高温危害。③每667平方米施过磷酸钙30～50千克，硫酸钾15～17千克。③其他预防措施可参照莴苣（笋）霜霉病。

(4)补救措施 ①初发病，用70%甲基硫菌灵可湿性粉剂700倍液，或50%异菌脲可湿性粉剂1 000～1 500倍液，或50%腐霉利可湿性粉剂1 500倍液，或50%乙烯菌核利可湿性粉剂1 500倍液,或40%菌核净可湿性粉剂500倍液,或20%甲基立枯磷乳油1000倍液喷雾。②及时摘除病叶或拔除病株,收获后清除病残体,均带到田外深埋,并深翻地。

(5)注意事项 ①莴苣、莴笋(小核盘菌)菌核病,由真菌侵染所致,除危害莴苣(笋)外,还可危害油菜、萝卜,豌豆等。病株症状有两种类型:一是根部染病(根腐型),在茎基部产生繁茂的白色霉,逐渐形成很多白色小颗粒,其上溢有液珠,后变为黑色小颗粒(菌核),有时很多菌核联结成块状,根部腐烂;二是茎基染病(茎基腐型),初茎基部发生病变,幼嫩莴苣染病,植株下部菌丝向上扩,速度快,病株迅速软腐倒伏。②气温25℃,易发病。③预防措施和补救措施可参照莴苣(笋)菌核病。

95. 莴苣(笋)茎腐病会出现什么样症状?怎样防治?

(1)症状识别要点 该病主要危害近茎基部叶柄处。病部初出现不规则形褐色坏死斑,后扩展至整个叶柄,渗出深褐色汁液使叶片腐烂,由下部叶向上发展使茎部变褐腐烂。当条件适宜发病时,病株叶球呈湿腐糜烂状,空气湿度大时病部长出网状霉及直径0.1~0.5毫米的淡褐色近球形或不规则形粒状物(菌核),若天气干燥则病部呈局部褐色凹陷病斑。

(2)发生规律 由真菌侵染所致,除危害莴苣(笋)外,还危害茄果类、瓜类、豆类及一些十字花科蔬菜。日平均温度20℃以上,土壤湿度大或菜田遭受过积水,易发病。种植过密地,施速效氮肥过多的地,植株表皮脆弱时,发病重。

(3)预防措施 ①采用水旱轮作。②选择地势较高地块种植,整平畦面;结合整地用40%五氯硝基苯可湿性粉剂与50%福美双可湿性粉剂按1∶1混匀,每平方米畦面用混配药剂5~8克,与适量细土拌匀后撒于畦面,并用锄将药与表土混匀。③用40%福美·拌种灵可湿性粉剂拌种,用药量为种子重量的0.2%。④适度密植，适当增施磷、钾肥，不可大水浇灌，雨后及时排水。

(4)补救措施 ①早拔除病株，并撒少量药土(见上述)于病穴内。收获后清除病残体，均带到田外深埋，并深翻地。②发病初期，用20%甲基立枯磷乳油1200倍液，或5%井冈霉素水剂1500倍液，或50%福美双可湿性粉剂800倍液喷雾。

96. 怎样防治莴苣(笋)腐败病?

(1)症状识别要点 该病又称为黑腐病、细菌性叶斑病，主要危害肉质茎和叶片。肉质茎染病，受害处先变浅绿色，后转为蓝绿色至褐色，病部逐渐崩溃，从近地面处脱落，全株矮化或茎部中空；叶片染病，生不规则形水渍状褐色角斑，后变淡褐色干枯呈薄纸状，条件适宜时可扩展到大半个叶子，周围组织变褐枯死，但不软腐。

(2)发生规律 由细菌侵染所致。在气温26℃～28℃、高湿条件下，易发病。低洼地，连茬地，害虫为害重的地，发病重。

(3)预防措施 ①注意防治地下害虫。②其他措施可参照莴苣(笋)霜霉病。

(4)补救措施 ①发病初期，用30%氧氯化铜悬浮剂800倍液，或30%碱式硫酸铜悬浮剂300～400倍液，或50%琥胶肥酸铜可湿性粉剂500倍液，或70%琥铜·乙膦铝可湿性粉剂500倍液，或25%噻枯唑可湿性粉剂500～1000倍液，或72%硫酸链霉素可溶粉剂3500～4000倍液，或47%春雷·王铜可湿性粉剂1000倍液喷雾。②收获后清除病残体，均带到田外深埋，并深翻地。

(5)注意事项 莴苣(笋)叶缘坏死病又称为细菌性斑点病、根腐病，主要危害叶片，多从结球时开始。叶缘或其附近先发病，初为水浸状，后变干呈薄纸状，出现褐色至黑褐色不规则的油浸状病斑，叶缘病斑宽0.5～1.5厘米，叶片其他部分出现红褐色斑点，有的数个病斑连片，渐软化，有的全株迅速干枯或落叶。一般仅结球叶发病，后扩展缓慢。该病影响发育，但不造成腐烂。有的在茎的中心有黑色至绿色硬腐组织，植株衰弱时沿底部叶片的叶脉扩展到根部，引起根腐。气温低、高湿，易发病，一般早春和晚秋发病重。预防措施可参照莴苣（笋）霜霉病，补救措施可参照莴苣（笋）腐败病。

97. 怎样防治莴苣（笋）软腐病？

(1) 症状识别要点 该病又称为水烂，主要危害肉质茎、根茎部。肉质茎染病，初生水浸状斑，深绿色不规则，后变褐色，迅速软化腐败；根茎部染病，根茎基部变为浅褐色，逐渐软化腐败，病情严重时可深入根髓部或结球内。

(2) 发生规律 由细菌侵染所致。气温在 27℃～30℃、多雨条件下，易发病。低洼地，连茬地，害虫为害重的地，发病重。

(3) 预防措施 参照莴苣（笋）霜霉病。

(4) 补救措施 参照莴苣（笋）腐败病。

七、十字花科蔬菜病害

98. 怎样避免发生大白菜病毒病?

(1)症状识别要点 该病又称为孤丁病、抽疯病等,可危害全株。若幼苗期染病,病苗心叶叶脉透明,并沿叶脉两侧失绿,形成淡绿和浓绿相间的斑驳,称为花叶,此时心叶扭曲、病叶皱缩、植株畸形;若成株期染病,叶片表现轻微花叶,叶背主、侧脉上产生褐色条纹和黑褐色坏死斑点,严重时病株矮化、畸形,甚至不包心或结球松散;若采种株染病,新叶明脉,老叶叶脉坏死,花瓣色淡,果荚瘦小,籽粒不饱满,种子发芽率低。拔起病株观察,根系发育不良,主根切面呈黄褐色。

(2)发生规律 由病毒侵染所致,除危害大白菜外,还危害白菜类、甘蓝类、芥菜类、萝卜和芜菁等蔬菜。气温在15℃～20℃、空气相对湿度在75%以下时,易发病;与大白菜感病期(7片叶以前)相遇,与春秋两季蚜虫发生高峰期相遇,或与高温干旱天气相遇,发病重。播种时期过早的地,选用早熟大白菜或感病品种地,土质黏重地,地势低洼地,连茬地,离早熟大白菜近的地,缺水缺肥地,管理粗放地,病害重。在幼苗期,染病越早发病越重。

(3)预防措施 ①选用抗病品种,与非十字花科蔬菜实行2～3年轮作,不要与十字花科蔬菜邻作,提倡与玉米、韭菜等作间、套作。②应少种或停种夏季十字花科蔬菜。③选择适宜的播种期,锄净田间杂草,要施足腐熟有机肥作基肥,追肥以有机肥与化肥混用,并增施钾肥。④采用“三水出苗、五水定棵”技术,适时进行中耕和蹲苗,结合“两间一定”拔除病苗。⑤从幼苗出土到7片叶期以前,采取多种措施防治蚜虫。

(4)补救措施 ①初发病时,用20%吗胍·乙酸铜可湿性粉剂500倍液,或10%混合脂肪酸水剂100倍液,或1.5%烷醇·硫酸铜水乳剂1 000倍液喷雾。②全面清理田间病残体,带到田外深埋,并深翻地。

(5)注意事项 白菜类、甘蓝类、芥菜类、萝卜等蔬菜的病毒病,危害症状和发生规律与大白菜病毒病相似。预防措施和补救措施可参照大白菜病毒病。

99. 怎样防治大白菜软腐病?

(1)症状识别要点 该病又称为腐烂病、烂葫芦,主要危害叶片、根茎部,多从莲座期到包心期开始发病。染病株初外叶片萎蔫下垂,数日后外部叶片便不再立起而平铺在地面,心叶和叶球外露,根茎部及叶柄腐烂并流出灰褐色黏液,轻碰病株易折倒;或染病株先在菜帮基部出现半透明状浸润斑,逐渐扩大后变灰褐色,病部呈水渍状腐烂;或染病株外部叶片边缘或叶球顶端也可染病,最后沿叶脉发展,引起整株腐烂。腐烂病部,均产生恶臭味。染病株入窖后,易造成烂窖。

(2)发生规律 由细菌侵染所致,除危害大白菜外,还危害白菜类、甘蓝类、芥菜类、萝卜等蔬菜,以及胡萝卜、辣椒、番茄、芹菜、洋葱和莴苣等蔬菜。在气温25℃~30℃、高湿条件下,或久旱骤降大雨或连雨天,易发病。连茬地,施用未腐熟有机肥地,平畦栽培地,低洼地,不适当的早播地,过度蹲苗地,大水漫灌地或浇水过量地,有害昆虫密度过大地,植株上伤口多的地,种植白帮品种地,发病重。

(3)预防措施 ①选用抗病品种,且宜选择葱蒜类或豆类或禾谷类等作物茬口,播前翻耕上层土18~20厘米,并晒土。②施足腐熟有机肥,采用垄作或高畦栽培。③用丰灵粉剂(又名增效菜丰宁)50~100克和大白菜籽150克拌匀后播种。在苗期,每667平方米用丰灵粉剂 100～150 克对水 50 升喷洒，或用丰灵粉剂 150～250 克对水 100 升灌根（丰灵粉剂不能和杀细菌药剂配合使用）。③避免大水漫灌，雨后或浇地后，及时中耕培土，莲座期和结球期及时追施氮肥和钾肥。④及早防治黄条跳甲、小菜蛾、根蛆等害虫。⑤其他预防措施可见大白菜病毒病。

(4)补救措施 ①发现病株（特别是在浇地前或降雨前）即拔除，并往病穴内填 250 克石灰。②初发病，用 72％硫酸链霉素可溶粉剂 4 000 倍液，或硫酸链霉素・土霉素可湿性粉剂 4 000 倍液，或 88％水合霉素可溶粉剂 3 000～4 000 倍液，或 14％络氨铜水剂 350 倍液喷雾，根茎部是重点喷药区。③收获后清除病残体，均带到田外深埋，并深翻地。

(5)注意事项 ①白菜类、甘蓝类、芥菜类、萝卜等蔬菜的软腐病，均造成叶（球）部或根茎部或肉质根腐烂，并有恶臭味。发生规律与大白菜软腐病相似，预防措施和补救措施可参照大白菜软腐病。②大白菜细菌性角斑病，由细菌侵染所致，主要危害叶片，在气温 25℃～27℃，苗期至莲座期遇阴雨天或连雨天，易发病。病株初在叶背面出现水浸状稍凹陷斑，后扩大呈大小不等的膜状不规则形角斑（受叶脉限制），空气湿度大时叶背病斑上溢出污白色浓液，干燥时病部易干质脆，呈开裂或穿孔状，叶脉不易受害；苗期至包心期，外部 3～4 层叶染病后，呈急性型发病，出现水浸薄膜状腐烂，病叶呈铁锈色或褐色干枯，后病部破裂脱落，形成穿孔，残留叶脉。其预防措施和补救措施可参照大白菜软腐病。③大白菜细菌性叶斑病，由细菌侵染所致，主要危害叶片，除危害大白菜外，还危害白菜、甘蓝、花椰菜、番茄、辣椒、芹菜、莴笋等，在气温 25℃～27℃，莲座期至包心期遇连阴雨天，易发病，叶色深绿型大白菜受害重。病株初在叶背面出现水浸状小点，后在叶面形成直径 0.2～0.5 厘米黄褐色或灰褐色圆形或不规则形的坏死斑，边缘颜色较深，呈油浸状，有时相互连接成大斑块，干燥时病部质脆，易开裂，使叶片干枯死亡。其预防措施和补救措施可参照大白菜软腐病。④大白菜细菌性褐斑病，由细菌侵染所致，主要危害叶片，除危害大白菜外，还危害其他白菜类、莴笋、洋葱等蔬菜，在气温30℃～35℃，在生长季节，遇连阴雨天或田间湿度大，易发病。病株叶部出现大小不等的褐色不规则形病斑，边缘色深、中间稍浅，其四周组织褪绿发黄，多个小病斑可互相连接为大斑块，病斑多的，全叶或大半叶褐变；叶脉染病变为褐色，病脉附近叶肉组织变为黄白色，空气湿度大时叶片呈水浸状腐烂，干燥后变白干枯；多从外叶开始发病，逐渐向内扩展到包心叶，病情发展很快，常造成叶片腐烂或干枯。其(含白菜类)预防措施和补救措施可参照大白菜软腐病。⑤大白菜细菌性黑斑病，由细菌侵染所致，主要危害叶片、茎、荚，除危害大白菜外，还危害白菜类，在气温25℃～27℃，莲座期至包心期遇连阴雨天，易发病。病叶上初现直径1毫米大小的水浸状斑点，初为暗绿色，后变为浅黑色至黑褐色，有的病斑沿叶脉发展，病斑中间色深发亮具油光状，多个病斑可互相连接为不规则形坏死大斑，严重的叶脉变褐，叶片变黄脱落或扭曲变形；茎或荚染病，出现深褐色不规则形条状斑。其(含白菜类)预防措施和补救措施可参照大白菜软腐病、黑腐病。

100. 怎样避免发生大白菜黑腐病？

(1)症状识别要点 该病在苗期、成株期和采种株上均可发生。若幼苗在出土前染病，则不出苗；若幼苗在出土后染病，子叶呈水浸状，根髓部变黑，幼苗枯死。若成株期染病，可引起叶斑或黑脉，叶斑多从叶缘向内扩展，形成V形黄褐色坏死斑，病斑周围组织呈淡黄色；或在叶中形成圆形或不规则形的褐斑，沿两叶脉间呈双楔形发展，病斑周围有黄色晕带围绕；有时引起叶脉变黑，形成网状黑脉或大块黄褐色斑；叶帮染病沿维管束上扩，产生淡褐色干腐，使病叶扭曲或脱落。该病腐烂时不臭，可与软腐病区别。

(2)发生规律 由细菌侵染所致，除危害大白菜外，还危害白菜类、甘蓝类、萝卜等蔬菜。在气温 25℃～30℃、高湿(叶面结露或叶缘吐水)时，易发病。连茬地，土质黏重地，低洼地，种早熟品种地，植株徒长或早衰地，害虫多的地，易发病。

(3)预防措施 ①选用抗病优良品种，与非十字花科蔬菜实行2年以上轮作。②播前用50℃温水浸种20分钟，捞出晾干后播种；或用50%代森铵水剂200倍液浸种15～20分钟，洗净晾干后播种；或用50%琥胶肥酸铜可湿性粉剂拌种，用药量为种子重量的0.4%。③用丰灵粉剂处理种子和幼苗(见软腐病)。④其他预防措施可参见大白菜病毒病和软腐病。

(4)补救措施 可参见大白菜软腐病。

(5)注意事项 ①白菜类、甘蓝类、萝卜等蔬菜的黑腐病，除病叶产生V形黄褐色坏死斑外，还使受害株叶柄或球茎内的维管束变黑腐烂，肉质根内变黑呈干腐状。②预防措施和补救措施可参照大白菜软腐病、黑腐病。

101. 什么是大白菜霜霉病？怎样防治？

(1)症状识别要点 该病主要危害叶片、花梗和种荚。病叶上初生水渍状小斑，后逐渐扩大，颜色由淡绿色逐渐变为黄色至黄褐色，并受叶脉限制而变成多角形或不规则形病斑(其直径为5～12毫米)，在病斑叶片背面的相应位置上，长出白色霉层，在空气湿度大时易看到；发病重时，多角形斑常连接成大斑块，使叶片变褐干枯。采种株茎部、花梗染病，病部呈肥肿弯曲畸形，俗称为“龙头拐”；受害荚果歪扭，表面现黑褐色坏死斑，致荚果空瘪不实或半实；空气湿度大时，荚果、茎、花梗病部亦现白色稀疏霉层。

(2)发生规律 由真菌侵染所致，除危害大白菜外，还危害白菜类、甘蓝类、芥菜类、萝卜、芜菁、荠菜等。在气温20℃～24℃时，空气湿度越大，病害越重。在忽暖忽寒、多雨高湿的条件下，易发病。连茬地，种植过密地，植株生长不良地，发生病毒病地，田间湿度过大的地，发病重。

(3)预防措施 ①选用抗病优良品种，并用25%甲霜灵可湿性粉剂拌种，用药量为种子重量的0.3%。②实行高窄畦深沟栽培，合理密植；施足基肥，增施磷、钾肥，适时追肥和喷施叶面肥；避免大水漫灌和在晴天中午浇水，包心后不可缺水。③其他预防措施可参见大白菜病毒病和软腐病。

(4)补救措施 ①在发病初，用75%百菌清可湿性粉剂600倍液，或40%三乙膦酸铝可湿性粉剂300倍液，或25%甲霜灵可湿性粉剂1 000～1 500倍液，或70%代森锰锌可湿性粉剂500倍液，或64%噁霜·锰锌可湿性粉剂500倍液，或58%甲霜·锰锌可湿性粉剂500～700倍液，或72.2%霜霉威盐酸盐水剂600～800倍液，或72%霜脲·锰锌可湿性粉剂500～700倍液喷雾，注意往叶片背面喷药。②收获后清除病残体，均带到田外深埋，并深翻地。

(5)注意事项 白菜类、甘蓝类、芥菜类、萝卜等蔬菜的霜霉病，其病叶上出现多角形黄褐色病斑，在病斑叶片背面的相应位置上长出白色霉层。预防措施和补救措施可参照大白菜霜霉病。

102. 发生大白菜黑斑病后该怎么办？

(1)症状识别要点 该病又称为黑霉病，主要危害叶片、茎、花梗、种荚等。外叶先发病，初生近圆形褪绿斑，逐渐扩展至直径2～10毫米、呈圆形或近圆形的淡褐色或褐色病斑，上具有明显的同心轮纹，并长有细微的黑色霉状物。病斑周围常有黄色晕环。叶片两面均长病斑。叶柄上的病斑呈暗褐色长梭形凹陷状。在高温高湿条件下，病部可破裂穿孔，严重时病斑扩展相互融合，形成较大的枯死斑，致使全叶枯死。严重时外叶枯焦，病株叶片由外向内干枯。种荚上的病斑近圆形，中心为淡灰色，边缘为褐色，周围为淡褐色，具轮纹。采种株的花梗和茎部病斑呈暗褐色椭圆形，严重时叶片枯死，种荚瘦小，籽粒干瘪。

(2)发生规律 由真菌侵染所致，除危害大白菜外，还危害白菜类、甘蓝类、芥菜类、蔓菁和萝卜等蔬菜。在气温 11℃～24℃、空气相对湿度为 72%～84%时，易发病，故本病在气温偏低、雨水充足的季节和天气发生。低洼下湿地，管理粗放地，水肥不足地，植株生长衰弱地，发病重。

(3)预防措施 ①选用抗病品种。②用 50%福美双可湿性粉剂拌种，用药量为种子重量的 0.4%。③成株期可喷 0.2%磷酸二氢钾溶液，每隔 7～15 天喷 1 次，喷施 3～4 次。④低洼地要及时排水。⑤其他预防措施可参见大白菜病毒病和软腐病。

(4)补救措施 ①初发病，用 75%代森锰锌可湿性粉剂 500 倍液，或 75%百菌清可湿性粉剂 600 倍液，或 58%甲霜·锰锌可湿性粉剂 500 倍液，或 50%多菌灵可湿性粉剂 500 倍液，或 50%甲基硫菌灵可湿性粉剂 500 倍液，或 50%腐霉利可湿性粉剂 1 000～1 500 倍液，或 64%噁霜·锰锌可湿性粉剂 500 倍液，或 50%异菌脲可湿性粉剂 1 500 倍液喷雾。②清除田间病残株，带到田外深埋，并深翻地。

(5)注意事项 白菜类、甘蓝类、芥菜类、萝卜、蔓菁等蔬菜的黑斑病，其病叶上出现圆形褐色病斑，在病斑上有黑色霉层。预防措施和补救措施可参照大白菜黑斑病。

103. 大白菜白斑病会出现哪些症状？怎样防治？

(1)症状识别要点 该病主要危害叶片。病叶初现灰褐色近圆形小斑，后逐渐扩展至直径 6～18 毫米不等的浅灰色至白色不规则形病斑，中央具有 1～2 个不规则形轮纹，周缘有淡黄色晕圈，叶背病斑外缘浓绿色，但有时并不明显，病斑最后呈白色半透明，似火烤状，有时病斑破裂或脱落，空气湿度大时病斑背面常产生灰色霉状物；发病晚期病斑连成不规则形大块枯死斑，病株叶片由外向内干枯，全田一片枯黄。

(2)发生规律 由真菌侵染所致，除危害大白菜外，还危害白菜类、甘蓝、芜菁、萝卜、雪里蕻等蔬菜。在气温11℃～23℃、空气相对湿度大于60%时，易发病。连茬地，低洼下湿地，管理粗放地，氮肥不足地，植株生长衰弱地，发病重。

(3)预防措施 参照大白菜黑斑病。

(4)补救措施 ①初发病，用50%多菌灵可湿性粉剂500倍液，或40%硫磺·多菌灵悬浮剂800倍液，或50%硫磺·甲硫灵悬浮剂600倍液，或75%甲基硫菌灵可湿性粉剂800倍液，或70%代森锰锌可湿性粉剂500倍液喷雾。②清除病残株，带到田外深埋，并深翻地。

(5)注意事项 白菜类、甘蓝、芜菁、萝卜、雪里蕻等蔬菜的白斑病，其病叶上出现近圆形浅灰色病斑，上有灰色霉层。预防措施和补救措施可参照大白菜白斑病。

104. 怎样识别和防治大白菜炭疽病？

(1)症状识别要点 该病主要危害叶片、花梗、种荚等。病叶初生苍白色或褪绿水渍状小点，后扩大为灰褐色至灰白色稍凹陷的圆斑，边缘褐色、微隆起，直径1～3毫米，后期病斑呈半透明状，易穿孔，病斑多时可相互连接成片，引起叶片早枯；叶背面的病斑多发生在叶脉上，出现长短不一的条状稍凹陷褐斑。叶柄、花梗和种荚染病，出现长椭圆形或梭形、淡褐色至褐色凹陷病斑。空气湿度大时，病部可产生粉红色黏稠物。

(2)发生规律 由真菌侵染所致，除危害大白菜外，还危害白菜类、萝卜、芜菁、芥菜等。在气温26℃～30℃、空气相对湿度95%以上时，易发病。连茬地，早播地，种白帮品种地，低洼排水不良地，种植密度过大的地，缺肥地，植株长势弱的地，通风透光差的地，发病重。

(3)预防措施 ①选用抗病品种，并用50%多菌灵可湿性粉剂拌种，用药量为种子重量的0.3%。②适期晚播，避开高温多雨季节。③其他预防措施可参见大白菜病毒病和软腐病。

(4)补救措施 ①发病初期，用50%多菌灵可湿性粉剂500倍液，或70%甲基硫菌灵可湿性粉剂600倍液，或40%硫磺·多菌灵悬浮剂600倍液，或80%福·福锌可湿性粉剂800倍液，或50%苯菌灵可湿性粉剂1 000倍液，或70%代森锰锌可湿性粉剂500倍液，或25%咪鲜胺乳油3 000～4 000倍液喷雾。

(5)注意事项 白菜类、芜菁、萝卜、芥菜等蔬菜的炭疽病，空气湿度大时，病部可产生粉红色黏稠物。预防措施和补救措施可参照大白菜炭疽病。

105. 怎样防治甘蓝黑胫病？

(1)症状识别要点 该病又称为根腐病、根朽病、黑根子病等，主要危害幼苗。幼苗染病，子叶、幼茎和真叶等处出现灰白色圆形或椭圆形病斑，其上散生很多黑色小粒点，幼茎上的病斑稍微凹陷，茎基部因溃疡易折断，导致全株枯死；轻病苗移栽到田间后，病斑向茎基和根部蔓延，在主根和侧根上生成黑紫色条形斑，使根部发生腐朽或从病茎处折倒，造成植株地上部分枯萎或死亡。成株期发病，叶上出现不规则形或圆形病斑，中央灰白色，上生许多小黑点；采种株的花梗、荚上的病状与茎上的病状相似。贮藏期发病，叶球可发生干腐症状。将病茎或根部纵切，可见维管束变黑。

(2)发生规律 由真菌侵染所致，除危害甘蓝外，还危害白菜类、其他甘蓝类、芜菁、萝卜、芹菜等蔬菜。在气温20℃左右、高湿条件下，易发病。播种带病种子可造成幼苗发病，育苗期雨水过多或湿度过大时，或病苗移栽到田间后遇湿润多雨天或雨后高温天，病害易流行；干旱条件下，病害受抑制或不发生。

(3)预防措施 ①用50℃温水浸种20分钟后,用冷水降温,晾干播种。或用50%福美双可湿性粉剂或50%琥胶肥酸铜可湿性粉剂拌种,用药量为种子重量的0.4%。②选择3年以上未种过十字花科蔬菜的地做苗床。或用40%福美双可湿性粉剂或40%五氯硝基苯粉剂,按每平方米苗床8～10克药剂,与3～4千克细干土拌匀,制成药土,先把1/3的药土撒于苗床上,播种后再把2/3的药土盖在种子上,控制苗床内的湿度。早分苗、早定植,避免伤根。③与非十字花科蔬菜实行3年以上轮作,采用高垄或半高垄栽培,种植密度不宜过大。④及时防治地下害虫。

(4)补救措施 ①定植时,严格剔除病苗,并带到田外深埋或烧毁。②初发病时,用75%百菌清可湿性粉剂600倍液,或70%代森锰锌可湿性粉剂400～500倍液,或80%代森锌可湿性粉剂500倍液,或50%多菌灵可湿性粉剂600～800倍液,或40%硫磺·多菌灵悬浮剂600倍液,或60%多·福可湿性粉剂600倍液喷雾,并喷地面,以提高防治效果。③清除田间病残株,带到田外深埋,并深翻地。

(5)注意事项 白菜类、其他甘蓝类、萝卜、芜菁等蔬菜的黑胫病,其病部出现很多黑色小粒点。预防措施和补救措施可参照甘蓝黑胫病。

106. 什么是甘蓝黑根病？怎样防治？

(1)症状识别要点 该病主要在苗期发生。幼苗染病,根颈部变黑、缢缩,潮湿时病部有少许白色霉状物,病株出现叶片萎蔫、干枯,继而造成整株死亡;一般定植后病苗症状停止发展,但在个别田间仍可死苗。该病还可表现为猝倒状或叶球腐烂。

(2)发生规律 由真菌侵染所致,除危害甘蓝外,还危害其他甘蓝类蔬菜。一般土温过低或过高,黏重而潮湿的土壤,均易发病。

(3)预防措施 ①用50%福美双可湿性粉剂或65%代森锌可湿性粉剂拌种，用药量为种子重量的0.3%。②科学育苗。③用40%五氯硝基苯粉剂与50%福美双可湿性粉剂等量混合(即五福合剂)，按每平方米苗床用五福合剂9～10克，与3～4千克过筛细土拌匀制成药土，先把1/3的药土撒在浇好底水(水温应与地温相近)的畦面上，播种后再用2/3的药土作覆土。④播种不要过密，覆土以0.7～1厘米厚为宜。⑤要看天气保温与通风，宜采取多次少洒的方法补充水分，浇水后注意通风换气。

(4)补救措施 ①及时拔除病苗。②初发病时，在晴天上午喷药，可用60%多·福可湿性粉剂500倍液，或75%百菌清可湿性粉剂600倍液，或3.2%甲霜·噁霉水剂300倍液，或20%甲基立枯磷乳油1 000倍液，或铜氨合剂400倍液等。喷药后注意通风换气，或待叶面药液干后，往苗床内撒一层干细土降湿。

107. 怎样防治甘蓝菌核病?

(1)症状识别要点 该病危害茎基部、叶片、叶球及种荚等部位。受害部位初出现边缘不明显的水浸状淡褐色不规则形病斑，不断扩展，后病部组织软腐，空气湿度大时病部迅速腐烂，并出现白色棉絮状霉和黑色鼠粪状物，若病斑绕茎一周后，使全株枯死；采种株受害，多在终花期发病，除上述症状外，病株出现茎部腐烂和中空，后期病株折倒，种子瘦瘪。

(2)发生规律 由真菌侵染所致，除危害甘蓝类蔬菜外，还可危害大白菜、萝卜、茄果类、瓜类、豆类、莴苣、茴香、芹菜、韭菜、胡萝卜等蔬菜，并引起类似症状。在气温20℃左右、空气相对湿度85%以上，易发病。南方多在2～4月份和10～12月份发生，北方多在冬、春季保护地发生。排水不良地，偏施氮肥地，遇霜冻害地，肥害地，发病重。

(3)预防措施 ①用10%盐水选种，除去上浮的菌核和秕粒，下沉的种子用清水冲洗干净后播种。②与粮食作物进行2年以上轮作，若水旱轮作则1年即可。深翻土地16厘米以上。③施足腐熟粪肥，增施磷、钾肥，雨后及时排出田间积水。④高畦覆地膜栽培，密度不要过大。

(4)补救措施 ①发病初期，用50%腐霉利可湿性粉剂1500倍液，或50%异菌脲可湿性粉剂1000倍液，或50%硫磺·多菌灵可湿性粉剂500倍液，或40%菌核净可湿性粉剂700～1000倍液，或50%乙烯菌核利可湿性粉剂1000～1500倍液，或20%甲基立枯磷乳油1000倍液，或70%甲基硫菌灵可湿性粉剂600倍液，或50%甲硫·乙霉威可湿性粉剂1000倍液，或50%多菌灵可湿性粉剂600～800倍液喷雾，重点喷植株茎基部、老叶及地面。②及时清除病残物，拔除病株，带到田外深埋，并深翻地。

八、根菜类蔬菜病害

108. 怎样防治胡萝卜斑枯病?

(1)症状识别要点 该病又称为叶斑病,主要危害叶片、叶柄、肉质根等。叶片上病斑呈不规则形或近圆形,病健组织分界清晰;病斑边缘黄绿色、中央褐色或黑褐色;病斑上密生黑色小颗粒,小颗粒埋生或半埋。叶柄上形成黑褐色稍有凹陷的不规则形病斑,病斑上散生黑色小颗粒。多个病斑互相连接引起枯黄,重者全田叶片枯黄,呈火烧状。肉质根受害,田间症状不明显。在贮存期发病(11 月中旬),先在根头部发生湿腐,有臭味,并逐渐向下发展,造成烂窖。

(2)发生规律 该病由真菌侵染所致。在气温 25℃,空气相对湿度 85%以上,易发病。河西走廊地区在每年 9 月中旬开始发病,9 月下旬为发病高峰期。管理粗放地,生长衰弱地,发病重。

(3)预防措施 ①选择土层深,土质疏松(内无碎砖、瓦片、石块、炉渣等硬物),两年内没有种过胡萝卜的砂壤土或壤土地种植。②每 667 平方米施腐熟有机肥 3 000～5 000 千克作基肥,并深翻 20～25 厘米,细耙 2～3 次,畦面要平整。③用60℃温水浸种 10 分钟(若水温过高或浸种时间过长,均可使发芽率下降);或用 15%三唑酮可湿性粉剂拌种,用药量为种子重量的 0.3%。④采用撒播或条播(行距 15～17 厘米、播种深度约 1 厘米),每 667 平方米用种子 1～1.5 千克。⑤播后出苗前,每 667 平方米用 33%二甲戊灵乳油 55～100 毫升,对水喷雾均匀处理畦面。⑥幼苗有 1～2 片真叶时间苗(苗距 3 厘米),幼苗有 4～5 片真叶时定苗(苗距 6～9 厘米),拔除劣苗、病苗等;并适期浇水追肥 1～2 次,每

667 平方米每次追施硫酸铵 10 千克，及时中耕松土，雨后及时排出田间积水。⑦注意防治地下害虫。

(4)补救措施 ①初发病时，用 72%甲霜·锰锌可湿性粉剂 800 倍液，或 15%三唑酮可湿性粉剂 600 倍液，或 40%五硝·多菌灵可湿性粉剂 750 倍液，或 75%百菌清可湿性粉剂 600 倍液喷雾。②早拔除病株，收获后即清理田间病残体，均运到田外深埋。

109. 什么是胡萝卜黑斑病？怎样防治？

(1)症状识别要点 该病主要危害叶片，多从叶尖或叶缘处开始发病。病叶初出现深褐色至黑色不规则形病斑，周围组织略褪色，空气湿度大时病斑上长出黑色霉层，严重时病斑可连接，使叶缘上卷，病叶早枯。发病重时，叶片大量提前枯死。茎染病，出现长圆形黑褐色稍凹陷病斑。

(2)发生规律 由真菌侵染所致。一般在雨季，长势弱的田块发病重。若发病后遇天气干旱，有利于症状表现。

(3)预防措施 ①用 40%福美双可湿性粉剂或 50%异菌脲可湿性粉剂拌种，用药量为种子重量的 0.3%。②其他预防措施可参照胡萝卜斑枯病。

(4)补救措施 ①初发病时，用 75%百菌清可湿性粉剂 400～500 倍液，或 50%异菌脲可湿性粉剂 1 500 倍液，或 58%甲霜·锰锌可湿性粉剂 400～500 倍液喷雾。②收获后即清理田间病残体，均运到田外深埋。

(5)注意事项 ①胡萝卜斑点病又称为褐斑病、叶斑病、黑斑病，由真菌侵染所致，危害叶片。在气温 25℃～28℃，空气相对湿度高于 98%时，易发病；遇连阴雨天，或大雾天，或多露水天，发病快；一般连阴雨后 10～20 天，出现发病高峰。连茬地，土壤黏重地，地势低洼地，灌水过量地，发病重。病叶初生褐色至灰褐色斑点，直径 2～4 毫米，后为圆形至近圆形病斑，中间呈灰色至灰褐色，边缘浅黄色至暗褐色，严重时病斑直径可扩展到 1 厘米、呈暗黑色。空气湿度大时，病斑两面均生有灰色至黑色霉层。发病重时，病斑布满叶片，互相连接，病叶变褐凋萎，由下向上脱落。预防措施和补救措施参照胡萝卜黑斑病。②胡萝卜黑腐病由真菌侵染所致，危害叶片、肉质根，在生长期及贮存期均可发病。在气温 20℃左右，空气相对湿度 80%以上，易发病；秋季及初冬天气温暖，多雨多雾，种植过密，地下害虫为害严重，发病重。叶片染病，形成暗褐色斑（或发病初期形成无光泽的红褐色条斑），后叶片变黄枯死；叶柄染病，病斑呈长条状，空气湿度大时病斑上生有黑色毛状霉层。肉质根染病，多在根头部形成黑色稍有凹陷的不规则形或圆形病斑，生有黑色霉层，严重时病斑扩展，可达肉质根内部，使肉质根变黑腐烂。预防措施和补救措施参照胡萝卜黑斑病。

110. 怎样避免发生胡萝卜软腐病？

(1)症状识别要点 该病主要危害肉质根。病株地上茎叶变黄萎蔫；根部初呈湿腐状，后扩大，病斑形状不定，周缘明显或不明显，肉质根组织软化，呈灰褐色腐烂，汁液外溢，有臭味。

(2)发生规律 由细菌侵染所致，除危害胡萝卜外，还危害大部分蔬菜。在气温 25℃～30℃、高湿条件下，易发病；雨水多的年份或高温湿闷天气，发病快。连茬地，大水漫灌地或浇水过量地，地下害虫多的地，发病重。

(3)预防措施 ①轮作困难的地，每 667 平方米施生石灰 100～150 千克，翻耕晒田，再灌水泡田，待自然落干后整地。②采用高畦种植。③收获时尽量减少伤口，晾晒半天后入窖，贮藏温度控制在 10℃以下、空气相对湿度不高于 80%。④其他预防措施参照胡萝卜黑斑病。

(4)补救措施 ①早拔除病株，并撒石灰或用石灰水淋灌病穴。②初发病时，用 14%络氨铜水剂 300 倍液，或 50%琥胶肥酸铜可湿性粉剂500倍液，或硫酸链霉素150毫克/升液，或硫酸链霉素·土霉素150毫克/升液喷雾。③收获后即清理田间病残体，均运到田外深埋。

111. 牛蒡黑斑病会出现什么样症状？怎样防治？

(1)症状识别要点 该病主要危害叶片，苗期易染病。病叶上初生褐色至茶褐色圆形病斑，直径2～20毫米，表面平滑，有时病斑上出现不规则轮纹，后期病斑中间变薄且褪为浅褐色至灰色，易于破裂或穿孔，其上散生黑色小粒点，严重时多个病斑相互连接为不规则形，其周围有时产生黄色晕圈，空气湿度大时病斑上生有黑色茸毛状物；叶柄受害时，病斑呈梭形，暗褐色，稍凹陷，隐约可见环纹。在潮湿条件下，病斑可轻度腐烂。

(2)发生规律 由真菌侵染所致。在气温25℃～27℃、雨后，易发病。病斑因降雨而穿孔。多在秋季发病。

(3)预防措施 ①与其他蔬菜实行3年以上轮作。②用40℃～50℃温水浸种3小时，漂净秕子，捞出用湿纱布包好，在25℃温度下催芽，当发芽率高于85%时即播种；或用50%福美双可湿性粉剂拌种，用药量为种子重量0.4%。③种植密度不宜过大。

(4)补救措施 ①发病初期，用75%百菌清可湿性粉剂500倍液，或70%甲基硫菌灵可湿性粉剂1500倍液，或14%络氨铜水剂300倍液，或30%碱式硫酸铜悬浮剂400倍液，或77%氢氧化铜可湿性粉剂500倍液喷雾。②收获后，及时清除病残体，运到田外深埋或烧毁，并深耕。

112. 怎样识别和防治牛蒡细菌性叶斑病？

(1)症状识别要点 该病又称为细菌性黑斑病，主要危害叶片。病叶上初生许多水渍状暗绿色圆形至多角形小斑点，后逐渐扩大，在叶脉间形成褐色至黑褐色多角形斑，中央部褪成灰褐色，表面呈树脂状，有的卷缩；叶柄染病初现黑色短条斑，后稍凹陷，叶柄干枯略卷缩。

(2)发生规律 由细菌侵染所致。气温在27℃～28℃，易发病。

(3)预防措施 采用高垄或高畦栽培，不能大水漫灌。其他预防措施参照牛蒡黑斑病。

(4)补救措施 ①尽量摘除病叶。收获后及时清除病残体，运到田外深埋或烧毁，并深耕。②初发病，用30%碱式硫酸铜悬浮剂400倍液，或77%氢氧化铜可湿性粉剂500倍液，或50%琥胶肥酸铜可湿性粉剂500倍液，或47%春雷·王铜可湿性粉剂800倍液喷雾。

113. 怎样防治牛蒡花叶病？

(1)症状识别要点 该病主要危害成长的牛蒡。病株叶上出现鲜黄色或浅黄色至黄绿色不正形花叶，幼叶染病致叶形歪斜，老叶染病斑纹白色。

(2)发生规律 由病毒侵染所致。5月份在越冬的牛蒡上始见，春播牛蒡秋季始发病，炎热的夏季病症不明显。

(3)预防措施 注意早治蚜虫。其他预防措施参照牛蒡黑斑病。

(4)补救措施 发病初期，用5%菌毒清可湿性粉剂500倍液，或1.5%烷醇·硫酸铜水乳剂1000倍液喷雾。

九、薯芋类蔬菜病害

114. 发生山药炭疽病后该怎么办?

(1)症状识别要点 该病危害叶片、茎蔓。病叶从叶尖或叶缘处产生暗绿色水渍状小斑点,后扩大为褐色至黑褐色圆形至椭圆形或不规则形的病斑,中间为灰褐色至灰白色,轮纹明显或不明显,空气湿度大时轮生粉红色胶黏质小点或黑色小粒点,数个病斑可相互连接成大斑,病部易破裂穿孔;茎蔓染病,出现黑褐色不规则形略凹陷病斑。危害严重时叶片早落,藤茎枯死。

(2)发生规律 由真菌侵染所致。温暖多雨天,多风雨天,或田间湿度大,易发病。从 6 月份始发病,下部叶先发病,直至收获可不断危害。连作地,排水不良地,潮湿背阴地,植株生长衰弱地,偏施氮肥地,发病重。

(3)预防措施 ①与非山药作物实行 2 年以上轮作。基肥以腐熟有机肥为主,适量增施磷、钾肥,控制氮肥用量。采用平畦(北方)或高畦(南方)种植。②选用抗病耐涝优良品种。用 50%多菌灵可湿性粉剂 500~600 倍液浸种,或把山药栽子蘸生石灰。③合理密植,适期立支架,适度整枝去杈,适时中耕松土除草,雨后及时排出积水。④出苗后喷洒 1∶1∶150 波尔多液,每 10 天喷 1 次,连喷 2~3 次。

(4)补救措施 ①初发病,用 58%甲霜·锰锌可湿性粉剂 500 倍液,或 80%福·福锌可湿性粉剂 800 倍液,或 70%甲基硫菌灵可湿性粉剂 1 500 倍液,或 50%异菌脲可湿性粉剂 1 000~1 500 倍液,或 77%氢氧化铜可湿性粉剂 500~600 倍液喷雾,喷后遇雨及时补喷。②收获后,将病残体集中烧毁,并深翻土壤。

(5)注意事项 ①山药(围小丛壳)炭疽病由真菌侵染所致,主要危害叶片和茎。在气温20℃～25℃,空气相对湿度80%时,温暖多雨或雾大露水多,易发病;偏施氮肥地,种植过密地,发病重。叶片染病,出现中间灰白色至暗灰色、边缘深褐色圆形至椭圆形病斑,病健部界限明显,后期病部两面生出小黑点;茎部染病,初生梭状不规则形病斑,中间灰白色,四周黑色,严重时上、下病斑融合成片,致全株变黑而干枯,病部长满黑色小粒点。预防措施和补救措施除可参照山药炭疽病外,还可用40%硫磺·多菌灵悬浮剂1500倍液,或50%苯菌灵可湿性粉剂1500倍液喷雾。②山药斑枯病由真菌侵染所致,在苗期和秋季发生较普遍,主要危害叶片。病叶初生褐色小点,后病斑呈多角形或不规则形,大小6～10毫米,中央褐色,边缘暗褐色,上生黑色小粒点。病情重时,病叶干枯,全株枯死。预防措施和补救措施可参照山药炭疽病。

115. 怎样防治山药叶部病害?

山药叶部病害包括褐斑病、(薯芋色链隔孢)褐斑病、煤斑病、褐缘白斑病、灰褐斑病、褐轮斑病。在山药生长期,遇多风雨天或雾大露水多的天气,或偏施氮肥,或种植过密,易发生叶部病害。除参照山药炭疽病的预防措施进行防治外,还需对症喷药,以控制病害蔓延。

(1)褐斑病 ①症状识别要点:该病由真菌侵染所致,主要危害叶片。病叶上产生近圆形或不规则形褪绿黄斑,大小不等,边缘褐色,中部呈灰白色至灰褐色,病斑上出现针尖状小黑粒。②药物防治:发病初期,用70%丙森锌可湿性粉剂700倍液,或50%代森锰锌可湿性粉剂600倍液,或70%甲基硫菌灵可湿性粉剂1000倍液与75%百菌清可湿性粉剂1000倍液混配,或50%硫磺·多菌灵悬浮剂500倍液,或50%乙霉·多菌灵可湿性粉剂1000倍液喷雾。

(2)(薯芋色链隔孢)褐斑病 ①症状识别要点：该病又称为灰斑病、褐斑落叶病，由真菌侵染所致，主要危害叶片。在叶片两面出现近圆形至不规则形病斑，大小因寄主品种不同而异，一般2～21毫米。叶斑中心灰白色至褐色，常有1～2个黑褐色细线轮纹圈，有的四周具黄色至暗褐色水浸状晕圈，空气湿度大时病斑上生有灰黑色霉层，叶背色较浅，严重时病斑布满叶面，使叶干枯。②药物防治：雨季到来时，用75%百菌清可湿性粉剂600倍液，或36%甲基硫菌灵悬浮剂500倍液，或50%苯菌灵可湿性粉剂1 500倍液，或50%乙霉·多菌灵可湿性粉剂1 000倍液喷雾。

(3)煤斑病 ①症状识别要点：该病又称为赤斑病，由真菌侵染所致，主要危害叶片。病叶初生赤褐色小斑，后扩展成近圆形或不规则形、无明显界限的病斑，大小为1～2厘米，有时病斑可相互连接成大斑，病斑背面生有灰黑色的霉状物。②药物防治：初发病时，用1∶1∶200波尔多液，或50%多菌灵可湿性粉剂500倍液，或50%甲基硫菌灵可湿性粉剂500倍液，或75%百菌清可湿性粉剂600倍液，或58%甲霜·锰锌可湿性粉剂600倍液喷雾。

(4)褐缘白斑病 ①症状识别要点：该病又称为斑点病，由真菌侵染所致，主要危害叶片。病斑穿透叶的表面，斑点较小，圆形或不规则形，周缘赤褐色，微凸，中部褐色，后转为灰褐色至灰白色，病斑背面生有灰黑色的霉状物。②药物防治：参照煤斑病。

(5)灰褐斑病 ①症状识别要点：该病由真菌侵染所致，主要危害叶片。病斑有明显的同心轮纹，背面生有灰黑色的霉状物。②药物防治：参照煤斑病。

(6)褐轮斑病 ①症状识别要点：该病由真菌侵染所致，主要危害叶片。病斑有明显的同心轮纹，病斑背面生有灰黑色的霉状物。②药物防治：参照煤斑病。

116. 发生山药斑纹病后该怎样办？

(1)症状识别要点 该病又称为(薯芋柱盘孢)褐斑病、白涩病，主要危害叶、茎蔓。病叶上初现黄色或黄白色、边缘不明显的病斑，后逐渐扩大时受叶脉的限制，呈不规则形或多角形，大小为2～5毫米，变为褐色病斑，边缘微凸起，中间淡褐色，散生黑色小点，严重时病斑相互连接，导致叶片穿孔或枯死，一般枯死叶不脱落(可与炭疽病区别)；茎蔓或叶柄染病，出现长圆形或不规则的褐色病斑，严重时病斑相互连接，引起茎蔓枯萎。

(2)发生规律 由真菌侵染所致。气温在25℃～32℃，多雨季节，易发病。下部叶片先发病，7月中旬至8月中旬发病最重，可以延续到收获前。偏施氮肥地，发病重。

(3)预防措施 可参照山药炭疽病。

(4)补救措施 ①从6月初开始，用77%氢氧化铜可湿性粉剂500倍液，或50%福美双可湿性粉剂500～600倍液，或1∶1∶200～300波尔多液，或50%代森锰锌可湿性粉剂600倍液，或50%多菌灵可湿性粉剂500倍液喷雾。②收获后，及时清除病残体，运到田外深埋。

117. 怎样避免山药枯萎病的发生？

(1)症状识别要点 该病又称为死藤，主要危害茎基部、块茎。茎基部染病，初现梭形湿腐状褐色斑块，后病斑向四周扩展，茎基部整个表皮腐烂，致叶片逐渐黄化、脱落，茎蔓迅速枯死，剖开病株茎基部，可见病部变褐；块茎染病，在皮孔四周产生圆形至不规则形暗褐色病斑，皮孔上的细根及块茎内部变褐色，干腐，严重时整个块茎变细变褐。贮藏期该病可继续危害。

(2)发生规律 由真菌侵染所致。气温在29℃～32℃、多雨高湿季节，易发病。若山药栽子带病或幼芽染病，就很难防治。连茬地，低洼地，田间积水或排水不良地，土质黏重地，偏施氮肥地，土壤偏酸地，发病重。若发现该病，应立即换茬。

(3)预防措施 ①用70%代森锰锌可湿性粉剂1 000倍液浸泡山药栽子10～20分钟后，再栽植。②入窖前在山药栽子的切口处涂1∶50的石灰浆，以防腐烂。③其他预防措施可参照山药炭疽病。

(4)补救措施 ①从6月中旬开始，用50%多菌灵可湿性粉剂600～700倍液，或70%代森锰锌水分散粒剂500倍液，或50%苯菌灵可湿性粉剂1 500倍液喷淋茎基部。②收获后，及时清除病残体，运到田外深埋。

(5)注意事项 ①山药(镰孢)褐腐病又称为褐色腐败病，由真菌侵染所致，主要危害块茎。气温在29℃～32℃、高湿，易发病；连茬地，低洼地，田间积水或排水不良地，土壤黏重地，发病重。病株早期症状不明显，收获时才发现有病。块茎染病，出现不规则形的腐烂状褐色斑，稍凹陷，病块茎常畸形，稍有腐烂，病部变软，切开后可见病部变色，受害部分比外部病斑大而深，严重时病部周围全部腐烂。②选用无病山药栽子，必要时把山药栽子切面阴干20～25天。发病初期，用70%甲基硫菌灵可湿性粉剂1 000倍液与75%百菌清可湿性粉剂1 000倍液混配，或用70%甲基硫菌灵可湿性粉剂1 000倍液与30%王铜悬浮剂600倍液混配，或50%硫磺·甲硫灵悬浮剂800倍液，或50%硫磺·多菌灵悬浮剂500倍液喷淋茎基部。

118. 怎样避免山药受线虫危害?

(1)根结线虫病 症状识别要点、发生规律、预防措施、补救措施等见第10问蔬菜根结线虫病。

(2)红斑病 ①症状识别要点：该病主要危害块茎。块茎染病，初出现红褐色近圆形至不规则形稍凹陷的病斑，单个病斑直径

2～4 毫米，发病重时块茎上病斑密集，互相连接，形成大片暗褐色斑块，表面有细龟纹，病斑深 2～3 毫米，最深达 1 厘米以上，染病组织呈褐色干腐状。染病块茎小，重量轻。②发生规律：该线虫只为害山药，6 月份新块茎形成时就可受害，后受害加重，直到收获，线虫从块茎基部到长 40 厘米处都可以侵染，以 20 厘米以上处病斑较多。③预防措施：选用无病山药栽子或零余子种植。定植前，在定植沟 20～40 厘米深的土层，每 667 平方米用 10%噻唑磷（福气多）颗粒剂 2～3 千克，均匀拌土，一季用一次。其他预防措施和补救措施见根结线虫病。

(3)黑斑病 ①症状识别要点：该病又称为锈病，主要危害种茎（山药栽子）、幼芽、根系及块茎，严重时造成缺苗断垄，后期危害块茎。块茎染病，中上部初现淡褐色小点，后为椭圆形深褐色病斑，并逐渐扩展连片，成不规则形的黑色凹陷病斑，深达木质部；地上部表现为叶色淡绿，植株矮小，重则茎叶变黄，提前枯死；贮存期间病斑可继续扩展，使病组织失水干缩，伴有深褐色丝状霉点。②发生规律：线虫活动适温为 25℃左右，从山药栽子萌芽到块茎形成期，均可为害。③预防措施：播前，山药栽了在阳光下晾晒后，用 1∶1∶150 波尔多液浸种 10 分钟；或用 50%辛硫磷乳油 1 000 倍液浸泡 48 小时，并上下翻动 2～3 次捞出，切口处蘸上石灰粉，晾干后催芽；结合整地或挖土回填，在离地表 20～30 厘米处，每 667 平方米用 50%辛硫磷乳油 500 克进行土壤处理。其他预防措施和补救措施见根结线虫病。

119. 怎样识别和防治姜瘟病？

(1)症状识别要点 该病又称为腐烂病、青枯病，主要危害地下根茎及根部。肉质茎染病，初呈水渍状，黄褐色，失去光泽，后内部组织逐渐软化腐烂，仅残留外皮，挤压病部可流出污白色米水样汁液，散发臭味；根受害呈淡黄褐色，直至全部腐烂；地上茎受害呈暗紫色，内部组织变褐腐烂，残留纤维；叶片受害呈凋萎状，叶色淡黄，边缘卷曲，直至全株下垂枯死，但不倒伏。

(2)发生规律 由细菌侵染所致。除危害姜外，还可危害茄果类蔬菜，带菌姜种是主要初次侵染源。在气温30℃～37℃，多雨多湿天，或时晴时雨天，特别是土温变化剧烈时，易发病；降雨迟早和降雨量大小对发病也有影响，特别是在6～9月份，每降大雨后7天左右，田间即出现1次发病高峰。低洼地，土质黏重或偏酸地，连茬地，无遮阳物地，多次中耕锄草地，偏施氮肥地，种感病品种地，发病重。

(3)预防措施 ①选用抗病品种。选地势较高、排水良好地块起高畦或起垄沟种植，并要挖排水沟。可与十字花科、葱蒜类或禾本科等作物实行3年以上轮作。偏酸土壤可每667平方米施石灰100～150千克。②施用腐熟有机肥作基肥，增施磷、钾肥，适时追肥。③在无病地留种或精选健种，单收单藏，贮窖及时消毒。用500毫克/升硫酸链霉素药液浸种48小时，或用40%甲醛水剂100倍液浸、闷种各6小时，或用30%王铜悬浮剂800倍液浸种6小时，姜种切口蘸草木灰后下种。④根据土壤肥力、种姜大小、管理水平，选择种植密度；要按照“早、勤、浅、细”的要领锄草，或使用除草剂；及时采用地面铺草，或插姜草，或与较高作物间作，或搭棚等遮阳。⑤用井水灌溉，防止污染水源；在发病季节，适当控制浇水，不可大水漫灌；在上水部位发现病株要及时拔除，并改换浇水渠道；夏季改在早、晚浇水，暴雨后要用井水串浇。⑥注意早防治各类害虫。

(4)补救措施 ①早拔除病株，用5%硫酸铜溶液，或5%漂白粉溶液，或72%硫酸链霉素可溶粉剂3 000～4 000倍液灌病穴，每穴0.5～1升。②发病初期，用20%噻枯唑可湿性粉剂1 300倍液，或30%王铜悬浮剂800倍液，或1∶1∶100波尔多液，或50%琥胶肥酸铜可湿性粉剂500倍液喷淋姜株。③收获后，及时清除病残体，运到田外深埋或烧毁。

(5)注意事项 ①姜腐烂病又称为细菌性叶枯病、烂姜、腐败病，由细菌侵染所致，主要危害根茎部。土温在28℃～30℃、多雨，易发病，7～9月份是发病盛期。病株在茎基部和根茎上半部初现水渍状黄褐色病变，逐渐失去光泽，姜从外向内逐渐软化腐烂，仅残存外皮，受害姜内部充满灰白色汁液，并有臭鸡蛋味。根、茎部染病，初呈浅黄褐色至暗紫色病变，后逐渐变成黄褐色腐烂，使叶尖或叶脉呈鲜黄色至黄褐色，叶缘上卷，叶片凋萎早落。发病重时，不产生子姜，种姜亦能全部腐烂。预防措施和补救措施可参照姜瘟病。②姜软腐病由细菌侵染所致，主要危害根茎、块茎，气温在25℃～30℃易发病。病部初呈水渍状灰绿色至灰褐色坏死，迅速蔓延使块茎全部溃烂，挤压病部，可溢出乳白色浆液；随病害发展，地上部也迅速呈暗绿色湿腐，病害严重时，病部呈糊状软腐，发出臭味，使全株枯死。预防措施和补救措施可参照姜瘟病。③几种姜病的鉴别：取1～2厘米长的病茎基部，纵剖后，见茎中烂成浆糊状、有恶臭，为软腐病；将短病茎基部放入装有清水的透明无色玻璃杯中，清水变为乳白色混浊液体，为瘟病；若短病茎基部放入清水中，清水没有变为乳白色混浊液体，为枯萎病（或其他原因引起的枯萎）。④在田间，若姜瘟病和（结群腐霉）软腐病（见下述）同时危害姜株，病株可出现叶片向叶背卷曲，叶尖、叶缘黄化，茎秆基部缢缩，呈水渍状倒伏，维管束变褐，近地面的根茎腐烂，有臭味等症状。

120. 什么是姜枯萎病？怎样防治？

(1)症状识别要点 该病又称为姜块茎腐烂病，主要危害地下块茎。地下块茎染病，变褐腐烂，但不呈水渍状半透明，从土中挖出染病块茎，其表面常长有黄白色霉；病株地上茎叶萎凋，重时枯萎而死。

(2)发生规律 由真菌侵染所致。在温暖、潮湿条件下，易发病。低洼排水不良地，土质黏重地，连茬地，施用未腐熟(带菌)粪肥地，发病重。

(3)预防措施 ①用50%多菌灵可湿性粉剂500倍液，浸泡姜种块1～2小时，捞出后拌草木灰下种。②从齐苗时起，定期或不定期喷淋高锰酸钾600倍液，或20%络锌·络氨铜水剂600倍液，或10%混合氨基酸络合铜水剂300倍液。③其他预防措施可参照姜瘟病。

(4)补救措施 ①初发病时，用50%多菌灵可湿性粉剂500倍液，或70%甲基硫菌灵可湿性粉剂800倍液，或10%混合氨基酸络合铜水剂300倍液，或60%琥铜·乙膦铝可湿性粉剂500倍液灌根，或喷淋病穴及四周。②收获后，及时清除病残体，运到田外深埋或烧毁。

(5)注意事项 ①姜(结群腐霉)软腐病又称为根腐病、软腐病，由真菌侵染所致，主要危害地下块茎。在昼暖夜凉的天气，低洼排水不良地，土质黏重地，连茬地，使用带菌种姜地，发病重。病株初在地际部茎叶处出现黄褐色病斑，后软腐，使下部叶片的叶尖及叶缘褪绿变黄，后蔓延至整个叶片，并向上部叶扩展，使茎叶黄化萎凋后枯死，整株倒伏；地下块茎染病，呈软腐状，有臭味。可用64%噁霜·锰锌可湿性粉剂500倍液，或50%琥铜·甲霜灵可湿性粉剂500倍液，或72%霜脲·锰锌可湿性粉剂1 000倍液，或60%琥·铝·甲霜灵可湿性粉剂800倍液先浸种1小时，再用塑料薄膜密封闷种1小时，晾干下种。出苗后到始病期可用上述药剂灌根。其他预防措施可参照姜瘟病。②姜(简囊腐霉)软腐病又称为腐霉病，由真菌侵染所致，主要危害地下块茎。一般下部叶片的叶尖及叶缘褪绿变黄，后蔓延至整个叶片，并向上部叶扩展，使整株黄化萎凋后，倒伏枯死，地下根茎变褐腐烂。该病的发生规律、预防措施和补救措施等可参照姜(结群腐霉)软腐病。③枯萎病和(结群腐霉)软腐病两者不同之处是：枯萎病初发病株茎基部变色而不变软腐烂，保湿后病部长带有颜色的霉层；而腐霉病株茎基变软呈湿腐至软腐，保湿后病部长白色霉层，有的如湿水棉花状。

121. 姜纹枯病会出现哪些症状？怎样防治？

(1)症状识别要点 该病又称为立枯病。幼苗染病，多在茎基部靠近地际处变褐，造成立枯而死。成株期发病，叶片上初生椭圆形至不规则形病斑，扩展后常相互连接成云纹状斑，边缘褐色，中央淡褐色或灰白色；茎秆染病，病斑同叶片，空气湿度大时在病部可见微细的褐色丝状物；块状茎染病，局部变褐色，一般不引起根腐。

(2)发生规律 由真菌侵染所致，除危害姜外，还危害水稻、瓜类、豆类、茄果类等作物。在气温24℃左右，多湿天气，土壤湿润等，易发病。种植过密地，偏施氮肥地，前茬为稻纹枯病严重地，用染纹枯病重的稻草覆盖地，发病重。

(3)预防措施 不要用前茬为稻纹枯病重的地块种姜，不要用稻纹枯病重的稻草或其编织物作姜地覆盖物。其他预防措施可参照姜瘟病。

(4)补救措施 ①发病初期，用20%甲基立枯磷乳油1200倍液，或40%福美·拌种灵可湿性粉剂600倍液，或2%抗霉菌素120水剂250倍液，或40%菌核净可湿性粉剂1000倍液，或50%田安水剂500倍液喷淋。②收获后，及时清除病残体，运到田外深埋或烧毁。

122. 怎样防治姜叶部病害？

姜叶部病害包括炭疽病、斑点病、叶枯病和眼斑病。

(1)炭疽病 ①症状识别要点：该病主要危害叶片。多在叶尖或叶缘出现病斑，初为水渍状褐色的小斑，后向下、向内扩展成椭圆形或梭形至不规则形褐斑，斑面有明显或不明显的云纹，数个病斑相互连接成斑块，叶片变褐干枯，潮湿时斑面出现小黑点。②发生规律：由真菌侵染所致，除危害姜外，还危害姜科其他作物和茄果类等作物。在南方，可周年在多种作物之间辗转危害。连茬地，低洼潮湿地，偏施氮肥地，植株生长过旺地，易发病。③预防措施：可参照姜瘟病。④补救措施：发病初期，用70%甲基硫菌灵可湿性粉剂1 000倍液与75%百菌清可湿性粉剂1 000倍液混配液，或40%硫磺·多菌灵悬浮剂500倍液，或50%苯菌灵可湿性粉剂1 000倍液，或50%甲硫·福美双可湿性粉剂1 000倍液，或30%王铜悬浮剂800倍液，或80%福·福锌可湿性粉剂800倍液喷雾。

(2)斑点病 ①症状识别要点：该病又称为白星病，主要危害叶片。叶斑为黄白色，梭形或长圆形，细小，长2～5毫米，斑中部变薄，易破裂或成穿孔，有时多个病斑相互连接形成大病斑，严重时病斑密布，全叶似星星点点，病部可见针尖大的小点。②发生规律：由真菌侵染所致。温暖多湿，田间湿度大，易发病；连茬地，长势较差的地，偏施氮肥地，植株生长过旺地，发病重。③预防措施：可参照姜瘟病。④补救措施：在发病初期，用70%甲基硫菌灵可湿性粉剂1 000倍液与75%百菌清可湿性粉剂1 000倍液混配喷雾。

(3)叶枯病 ①症状识别要点：该病主要危害叶片。病叶先从叶尖或叶缘产生菱形或不规则形青灰色或黄褐色病斑，逐渐扩展到整个叶面，变灰白色萎垂干枯，导致植株早衰或死亡，病斑表面有黑色小粒点。②发生规律：由真菌侵染所致。高温、高湿条件下，易发病；连茬地，植株长势过密地，偏施氮肥地，植株徒长地，低洼易积水地，被水淹漫过的地，发病重。③预防措施：可参照姜瘟病。④补救措施：初发病，用75%百菌清可湿性粉剂600～700

倍液，或10%苯醚甲环唑水分散粒剂1500倍液，或50%多菌灵可湿性粉剂400倍液，或64%噁霜·锰锌可湿性粉剂500倍液，或65%代森锌可湿性粉剂600倍液喷雾。

(4)眼斑病 ①症状识别要点：该病又称为眼点病，主要危害叶片。叶斑初为褐色小点，后叶片两面病斑扩为梭形，形似眼睛，病斑灰白色，边缘浅褐色，大小为5～10毫米×3～4毫米，病部四周黄色晕圈明显或不明显，空气湿度大时，病斑两面生暗灰色至黑色霉状物。②发生规律：由真菌侵染所致。温暖多湿天气，易发病；低洼高湿地，肥料不足（特别是钾肥偏少）地，植株生长不良地，发病重。③预防措施：可参照姜瘟病。④补救措施：初发病，用30%碱式硫酸铜胶悬剂300倍液，或30%王铜悬浮剂600倍液，或77%氢氧化铜可湿性粉剂600倍液，或50%腐霉利可湿性粉剂1500倍液喷雾。

123. 怎样防治魔芋软腐病？

(1)症状识别要点 该病主要危害叶片、地下球茎。苗期染病，种芋腐烂而不能出苗，或出苗后苗尖弯曲，叶不能完全展开，叶柄基部和种芋腐烂，或仅种芋腐烂；展叶后染病，有的叶片不展开，有的叶片向叶柄弯曲、株形呈蘑菇状，叶片稍黄，种芋腐烂。生长期发病，病叶初生湿润状暗绿色小斑，扩大后组织腐烂，当危害到叶脉、叶柄，出现水渍状条斑，有汁液流出，或使叶柄基部腐烂，导致折断倒伏（由于发病快，叶片仍为绿色），蔓延至球茎，引起半边或整个球茎腐烂；球茎染病，表面出现水渍状暗褐色病斑，向内扩展，呈灰色或灰褐色黏液状腐烂，病株半边发黄或整株发黄，有的叶片略显萎蔫，半边发黄则半边球茎腐烂、整株发黄则整个球茎腐烂，病重球茎只剩下一层空皮，使整株枯死；植株基部染病，呈软腐倒伏，早期叶片仍为绿色，后变黄褐干枯。贮藏期还可引起种芋和球茎腐烂。腐烂部分，均有恶臭气味。

(2)发生规律 由细菌侵染所致，除危害魔芋外，还危害大部分蔬菜。在气温25℃～30℃、高湿条件下，易发病。一般在6月中旬至9月中旬为发病期，在田间形成明显的中心病株。连茬地，低洼地，土质偏酸地，种植过密地，用漫灌或串灌方式浇水地，偏施氮肥地，害虫为害严重地，种芋质量差，田间湿度大等，发病重。

(3)预防措施 ①选择土层深厚、疏松、肥沃、微酸性至中性的土壤作为种植田。与禾本科作物实行3年以上轮作，适度密植，采用高畦或垄作、小块种植，可与玉米间作。②结合整地，每667平方米撒施50～60千克生石灰。③施腐熟的有机肥作基肥，适量增施磷、钾肥，不可过多追施氮肥。④用200毫克/升硫酸链霉素药液浸泡种芋30分钟，晾干播种。⑤在高温季节，对没有间作地，可用稻草、玉米秆、麦秸等覆盖地面。天旱时应及时浇水，不要漫灌和串灌，避免田间积水。⑥宜用手拔除杂草，或使用除草剂。⑦及早防治各类害虫。⑧选择晴天收获，边挖边晒，要轻挖、轻放，确保种芋不受损伤。用300～400毫克/升硫酸链霉素药液，对摊开的健壮干燥种芋均匀喷雾，再晾干后贮藏。在贮藏期勤检查，及时剔除腐烂种芋。

(4)补救措施 ①苗期可用65%敌磺钠可湿性粉剂500倍液灌淋预防。②及时挖除病株，往病穴内撒上300～500克生石灰灭菌。③发病初期，用200～500毫克/升的硫酸链霉素药液，或50%代森铵水剂600～800倍液，或77%氢氧化铜可湿性粉剂600倍液，或30%琥胶肥酸铜可湿性粉剂500倍液灌淋，注意往植株基部和地表喷药。④挖出病株和收获后的病残体，均运到田外深埋或烧毁，并翻地30～40厘米深。

124. 怎样防治魔芋根腐病？

(1)症状识别要点 该病主要危害根部、球茎。发病初出现水浸状褐色病斑，后根系和部分球茎腐烂变黑(为干性根腐和湿性根腐，湿性根腐植株呈急性萎蔫枯死），叶片褪绿黄化，植株生长矮小，天气潮湿时，病部以上又长出新的不定根；收获时可见地下球茎大部分腐烂，剩余未腐烂部分为凹凸不规则的残体，后期叶柄枯萎至整株枯死。

(2)发生规律 由真菌侵染所致，除危害魔芋外，还可危害豇豆、菜豆、豌豆等。在气温 29℃～30℃，高湿条件下，易发病，发病期在 8 月中旬左右。连茬地，排水不良的黏质土壤地，低洼地，施用未腐熟有机肥的地，发病重。

(3)预防措施 可参照魔芋软腐病。

(4)补救措施 ①发病初期，用 75%的百菌清可湿性粉剂 600 倍液，或 70%敌磺钠可湿性粉剂 1 500 倍液，或 40%硫磺·多菌灵悬浮剂 800 倍液，或 77%氢氧化铜可湿性粉剂 1 500 倍液，或 14%络氨铜水剂 300 倍液，或 50%多菌灵可湿性粉剂 1 000 倍液与 70%代森锰锌可湿性粉剂 1 000 倍液混合，喷洒根茎部。②收获后的病残体，运到田外深埋或烧毁，并翻地 30～40 厘米深。

125. 怎样防治魔芋的叶部病害？

魔芋叶部病害有炭疽病、轮纹斑病和细菌性叶斑病。

(1)炭疽病 ①症状识别要点：该病主要危害叶片。病叶初现近圆形褐色小斑（多从叶尖、叶缘开始），后扩大为半圆形（边缘）、近圆形或不规则形褐色大斑，斑中部为淡褐色至灰褐色，边缘深褐色，病健交界清楚，具有狭窄黄色晕圈或黄色晕圈不明显，后期斑面出现小黑点。病斑易破裂，有的部分脱落成叶片穿孔。严重时，病叶局部或大部分变褐干枯。②发生规律：由真菌侵染所致。温暖多湿天气，低洼积水地，种植过密地，偏施氮肥地，长势过旺地，田间湿度大等，发病重。③预防措施：可参照魔芋软腐病。④补救措施：发病初期，用 50%苯菌灵可湿性粉剂 1 500 倍液，或 50%咪鲜·氯化锰可湿性粉剂 1 000 倍液，或 25%溴菌腈可湿性粉剂500倍液，或80%福·福锌可湿性粉剂600倍液，或77%氢氧化铜可湿性粉剂500倍液，或30%碱式硫酸铜悬浮剂400倍液喷雾。

(2)轮纹斑病 ①症状识别要点：该病主要危害叶片。病叶的叶尖或叶缘产生浅褐色小斑，后扩展到近圆形至不规则形黄褐色斑，有0.5～3厘米大小，上面有明显轮纹，空气湿度大时病部产生黑色霉状物，后期有些病斑中部穿孔，病斑上长出黑色小颗粒，埋生在叶表皮下。②发生规律：由真菌侵染所致。多发生在生长后期，一般8～9月份流行。③预防措施：可参照魔芋软腐病。④补救措施：发病初期，用36%甲基硫菌灵悬浮剂600倍液，或50%多菌灵可湿性粉剂800倍液，或50%腐霉利可湿性粉剂1000倍液，或80%代森锰锌可湿性粉剂800倍液喷雾。

(3)细菌性叶枯病 ①症状识别要点：主要危害叶片。病叶叶背初现油浸状多角形小斑点，不久穿透叶表面，病斑进一步扩大，在叶脉间形成细长的暗绿色长方形病斑，后变为褐色至黑褐色不规则形病斑，致使叶片扭曲，后期病斑干枯呈羊皮纸状。发病重时，病斑相互连接成片，叶片大量干枯，植株倒伏。②发生规律：由细菌侵染所致。气温在26℃～27℃、空气相对湿度90%以上，特别是暴风雨后，发病明显增加；连作地发病重。③预防措施：可参照魔芋软腐病。④补救措施：在发病初期，用72%硫酸链霉素可溶粉剂4000倍液，或30%碱式硫酸铜悬浮剂400倍液，或30%王铜悬浮剂800倍液，或56%氧化亚铜水分散粒剂800倍液，或47%春雷·王铜可湿性粉剂800倍液，或1∶1∶200～240波尔多液喷雾。

十、水生蔬菜病害

126. 怎样避免莲藕腐败病的发生?

(1)症状识别要点 该病又称为枯萎病、腐烂病、黑根病、藕瘟、根腐病等,主要危害地下茎部。初期症状不明显,剖开病茎,可见近中心处的维管束变为淡褐色至褐色,后病情扩展,变色部分逐渐扩大,由种藕延及当年新生的地下茎,严重时地下茎呈褐色至紫黑色腐烂。从病茎抽出的地上叶片也现症状,初叶色变淡,从整个叶缘一边开始死亡,叶片反卷,呈青枯状,似开水烫伤一般,后变褐干枯或卷曲,向内扩展,叶柄顶部弯曲,叶柄的维管束组织变褐,最后整个叶片死亡。发病重时,全田枯黄,似火烧状。由病茎上抽生的花蕾瘦小,荷花不能正常张开而死亡。挖检病株地下茎,可见藕节上生蛛丝状霉和粉红色黏质物,有的病藕表面出现水渍状斑,似开水烫状。在生长期和贮藏期均可发病。

(2)发生规律 由多种真菌(镰刀菌和腐霉菌)侵染所致。在气温23℃~30℃,连续阴雨天或暴风雨天频繁的条件下,发病重。种植带病种藕,是病害传播的主要途径。5~8月份为发病期。藕田土壤通气性差,或酸性大,污水入田或水温高于35℃,食根金花虫(又称为地蛆或水蛆)造成伤口多,或施用未腐熟的有机肥,或偏施氮肥的田块,发病重。深根系品种较浅根系品种发病轻。

(3)预防措施 ①选用抗病品种,选用无病无伤种藕。用50%多菌灵可湿性粉剂800倍液与75%百菌清可湿性粉剂800倍液混配后,对种藕喷雾,用塑料薄膜密封24小时,晾干后栽种。合理密植。②实行2~3年(水旱)轮作。每667平方米施石灰100~150千克,翻耕并露田3~4天。施足腐熟有机肥,配方施肥，适时适量追肥。③用无污染的水灌溉，按莲藕不同生育时期管好水层，深浅适宜，以水调温，以水洗叶。④5月中旬，将藕田水排干，用95%恶霉灵（绿亨1号）可湿性粉剂5 000倍液，浇灌蔸周围土壤，第二天复水，每隔5～7天用药1次，连用4次。⑤防治食根金花虫。在莲藕萌芽前排出田水，每667平方米用50%辛硫磷颗粒剂2.5～3千克，拌细土30千克，撒于土表，翻入土中；在成虫始盛期，每667平方米用90%敌百虫原药100～150克，与细土10千克拌匀，清晨撒施。

(4)补救措施 ①早拔除病株，并在其四周施生石灰。②初发病，用50%多菌灵可湿性粉剂600倍液与75%百菌清可湿性粉剂600倍液混配后喷洒，或用上述药剂按1∶1混配好，每667平方米用混配药剂500克，拌细土25～30千克，堆闷3～4小时后撒入浅水层，2～3天后再用上述混合剂600倍液喷洒；或用40%硫磺·多菌灵悬浮剂400倍液，或50%腐霉利可湿性粉剂1000倍液喷洒地上部叶柄。③若由腐霉菌引起的地区或田块，用25%甲霜灵可湿性粉剂800倍液，或50%琥铜·甲霜灵可湿性粉剂800倍液，或58%甲霜·锰锌可湿性粉剂500倍液喷洒。④收获后，及时清运病残株，集中烧毁。冬季深耕晒垡或灌水浸田。

127. 怎样防治莲藕叶部病害？

在莲藕生长期，遇到高温多雨天，或连续阴雨天，或暴风雨天后，易感染叶部病害。预防措施可参照莲藕腐败病，并对症喷药防治。

(1)炭疽病 ①症状识别要点：该病主要危害叶片。病叶多在叶缘出现半圆形或椭圆形褐色至红褐色小斑，扩大后则呈不规则形斑，斑中部褐色至灰褐色、稍凹陷，常现明显或不甚明显的云纹，斑外围有的现黄色晕圈，潮湿时斑面出现针头大的小黑点或朱红色小点；叶柄染病，多出现近梭形或短条状的稍凹陷褐色至红褐色斑，斑面上亦现小黑点。发病重时，叶斑互相连接，特别是叶缘病斑的融合，致叶缘几乎全部出现褐色至红褐色干枯。②发生规律：由真菌侵染所致。偏施氮肥的田块，发病重。③药物防治：初发病，用80%福·福锌可湿性粉剂800倍液，或25%溴菌腈可湿性粉剂600倍液，或50%咪鲜·氯化锰可湿性粉剂1000倍液，或50%甲基硫菌灵可湿性粉剂800倍液与75%百菌清可湿性粉剂800倍液混配，或50%甲硫·福美双可湿性粉剂800倍液，或50%敌菌灵可湿性粉剂600倍液，或40%氟硅唑乳油5000倍液喷雾。最好在雨前1～2天喷施，或雨后转晴喷施。

(2)(尾孢)褐斑病 ①症状识别要点：该病又称为褐纹病，主要危害叶片。叶斑圆形或近圆形，直径0.5～8毫米，淡褐色，边缘深褐色至紫褐色，有的现同心轮纹，斑面密生小黑点，严重时病斑密布并融合为斑块，病叶局部干枯。②发生规律：由真菌侵染所致。种植过密地，偏施氮肥地，生长衰弱地，易发病。③药物防治：初发病，用75%百菌清可湿性粉剂600倍液，或25%咪鲜胺乳油1000～1500倍液，或20%三唑酮乳油1000倍液喷雾。

(3)(假尾孢)褐斑病 ①症状识别要点：该病主要危害叶片。病叶初生小褐点，后形成圆形病斑，大小为2～5毫米，边缘色深，空气湿度大时生有黑色霉状物。②发生规律：由真菌侵染所致，一般在5～9月份发生。③药物防治：发病初期，用70%代森锰锌可湿性粉剂500倍液，或50%苯菌灵可湿性粉剂1000倍液，或50%多菌灵磺酸盐(溶菌灵)可湿性粉剂800倍液喷雾；也可用25%丙环唑乳油1份，与1000份细土拌匀制成药土，用手捏紧药土，塞到莲藕处，每隔7天1次，连塞3次。

(4)(棒孢)褐斑病 ①该病主要危害叶片。病叶初生绿褐色小斑点，后扩展为褐色至紫褐色不规则形至多角形病斑，四周具黄褐色晕圈，直径2～8毫米，具有明显或不明显的同心轮纹，病斑可连接成大小不等的斑块，致病部变褐干枯；叶柄染病，易折断下垂

(本病与假尾孢褐斑病症状近似,但假尾孢褐斑病病斑角状突起更为明显,呈更深紫褐色)。②发生规律:由真菌侵染所致,一般在5～9月份发生。③药物防治:可参照莲藕炭疽病。

(5)褐纹病 ①症状识别要点:该病又称为莲叶斑病、黑斑病,主要危害叶片。病叶初生针头大小黄褐色小点,后逐渐扩大成圆形至不规则形的褪绿色大黄斑或褐色枯死斑,叶背面尤为明显。病斑边缘明显,四周具细窄的褪色黄晕圈,叶背面病斑颜色较正面略浅,多个病斑相互连接后,使叶片上现大块焦枯斑,严重时除叶脉外,整个叶面上布满病斑,致半叶或整叶干枯。藕田初零星发病,后形成片,病区似火烧。②发生规律:由真菌侵染所致。莲藕生长衰弱,藕田水温高于35℃,偏施氮肥地,蚜虫多的地,发病重。③药物防治:发病初期,用0.5∶0.5∶100波尔多液,或30%碱式硫酸铜悬浮剂500倍液,或70%代森锰锌水分散粒剂500倍液,或75%百菌清可湿性粉剂600倍液,或64%噁霜·锰锌可湿性粉剂500倍液喷雾。

(6)(芽枝霉)污斑病 ①症状识别要点:该病主要危害叶片。病斑多从叶缘开始,由外向内沿叶脉间的叶肉扩展,近圆形至不规则形,相互连接成条状,污褐色,边缘出现黄色变色部,较窄细,后期斑面出现暗灰色薄霉。②发生规律:由真菌侵染所致,可周年危害。③药物防治:可参照莲藕炭疽病。

(7)(拟茎点霉)斑枯病 ①症状识别要点:该病主要危害叶片。病斑多出现于叶脉间,近圆形至不规则形,褐色至灰褐色,斑面散生针头大的小黑粒,病部易破裂并部分脱落成叶片穿孔(注意:该病症状与叶点霉斑枯病症状近似)。②发生规律:由真菌侵染所致。多发生于植株生长中后期,危害较老熟叶片。③药物防治:发病初期,用75%百菌清可湿性粉剂与70%硫菌灵可湿性粉剂按1∶1比例混配后,对水稀释为1000倍液,或30%王铜悬浮剂与75%百菌清可湿性粉剂按1∶1比例混配后,对水稀释为

800～1 000 倍液，即混即喷。

(8)(叶点霉)烂叶病 ①症状识别要点：该病又称为(叶点霉)斑枯病，主要危害叶片。病叶在叶脉间或叶缘初现水渍状暗绿色不规则形斑，扩展为圆形、椭圆形至不规则形，或受叶脉限制呈扇形大斑，褐色、灰褐色至灰白色，病健部分界明晰或不明晰，后病斑中部呈红褐色，有时具轮纹，斑面密生针头大的小黑粒，严重时病斑常破裂或脱落穿孔，甚至仅残留主脉，病叶如破伞状。②发生规律：由真菌侵染所致。多发生于植株生长中后期，危害较老熟叶片。偏施氮肥，长势茂盛郁闭，发病重。③药物防治：发病初期，用 36％甲基硫菌灵可湿性粉剂 500 倍液(加 0.1％洗衣粉)，或 80％多菌灵可湿性粉剂 800～1 000 倍液(加 0.1％洗衣粉)，或 27％高脂膜水乳剂 200 倍液与 70％代森锰锌可湿性粉剂 800～1 000 倍液混配，或 30％碱式硫酸铜悬浮剂 400～500 倍液喷雾。

(9)(小菌核)叶腐病 ①症状识别要点：该病主要危害浮贴水面的叶片。叶片病斑近圆形至不规则形，有的病斑呈 S 形，有的形如蚯蚓状(注意:易与莲摇蚊为害状混淆)，黑褐色至黑色，坏死部分易脱落成叶片穿孔，受害叶外观呈破烂状，后期斑面上或穿孔斑的边缘，可见蛛丝状霉及由白色绒球状物(幼嫩菌核)和茶褐色菜籽状物(老熟菌核)。发病重时，叶片变褐(黑)腐烂，不能抽离水面(注意:与叶疫病症状近似)。②发生规律：由真菌侵染所致，多在气温较高的季节发生。③药物防治：发病初期，用 70％甲基硫菌灵可湿性粉剂 800 倍液，或 50％多菌灵可湿性粉剂 800 倍液，或 50％硫磺·甲硫灵悬浮剂 600 倍液，或 30％碱式硫酸铜悬浮剂 500 倍液喷雾，或 5％井冈霉素水剂(可溶粉剂)500～1 000 倍液，或 50％乙烯菌核利可湿性粉剂 1 000～1 300 倍液，或 30％苯噻氰乳油 1 000 倍液，或 50％敌菌灵可湿性粉剂 500 倍液喷雾。在施药前降低水位至浅水层，施药 24～48 小时后回水，恢复所需水位。

(10)叶疫病 ①症状识别要点：该病主要危害浮贴水面的叶

片。病叶的叶缘及叶面初现黑褐色近圆形病斑，扩大并连接后呈不规则形湿腐状斑块，致叶片变褐腐烂，不能抽离水面。②发生规律：由真菌侵染所致，多雨季节易发生。③药物防治：发病初期，用30%王铜悬浮剂与25%甲霜灵可湿性粉剂（或72%霜脲·锰锌可湿性粉剂，或65.5%霜霉威盐酸盐水剂）按1∶1的比例混配后对水稀释为1 000倍液，或硫酸铜2 000倍液泼浇；或用70%乙铝·锰锌可湿性粉剂800倍液，或70%霜脲·锰锌可湿性粉剂800倍液喷雾。施药前降低水位至浅水层，施药24～48小时后回水，恢复所需水位。

128. 怎样防治茭白纹枯病？

(1)症状识别要点 该病主要危害叶鞘、叶片。近水面的叶鞘上初产生水渍状暗绿色椭圆形小斑，后扩大并相互连接成云纹状或虎斑状大斑，病斑中部在露水干后呈草黄色，湿度大时呈墨绿色至绿褐色、边缘深褐色，病、健部交界明显；病斑由下而上扩展到叶片，使病叶出现云纹状斑。肉质茎染病，其症状与叶鞘上的症状相似。发病重时，叶鞘、叶片提早枯死，茭白肉质茎失去食用价值。病部前期出现蛛丝状霉，后期出现白色至乳白色绒球状物（嫩菌核），或萝卜籽似的粒状物（老熟菌核），菌核易脱落。

(2)发生规律 由真菌侵染所致，除危害茭白外，还可危害数十种蔬菜。在气温28℃～32℃、空气相对湿度96%以上，多雨，易发病。田间遗落的菌核数量多，茭田长期深灌，或过分密植，偏施氮肥，发病重。

(3)预防措施 ①发病田在翻耕耙平后，用布网或密簸箕等工具打捞被风吹至下风向的田边和田角的“浪渣”（内混有菌核），带到田外烧毁或深埋，须坚持做好。②合理密植。③在施肥上，依据前促、中控、后补的策略，采用配方施肥，要施足基肥，适时适量追肥，适当增施磷、钾肥，避免偏施氮肥；在水位管理上，不能长期灌深水，需根据不同生长阶段，采取前浅、中深（不超过“茭白眼”）、后浅或湿润的灌水策略，以水调温，以水调肥（每次追肥前应适当放浅田水，肥料被土壤吸收后再适度灌田水），台风暴雨季节要注意排水，孕茭期干干湿湿，保持根系活力。④结合中耕等农事操作，清除植株下部黄叶病叶，并踏入田泥中。

(4)补救措施 在发病初，用5%田安水剂400～500倍液（前期），或50%甲基硫菌灵可湿性粉剂700～800倍液，或50%多菌灵可湿性粉剂700～800倍液，或5%井冈霉素水剂1 500～2 000倍液，或30%苯噻氰乳油1 000倍液，或50%敌菌灵可湿性粉剂400倍液，或28%井冈·多菌灵悬浮剂500～700倍液，或16%井冈·噻嗪酮悬浮剂800～1 000倍液，或65%甲硫·乙霉威可湿性粉剂600倍液喷雾，注意往叶鞘喷药。

129. 什么是茭白胡麻斑病？怎样防治？

(1)症状识别要点 该病又称为叶枯病，主要危害叶片。病叶上初生褐色小点，后扩大为褐色至黄褐色椭圆形病斑，如芝麻粒状，病斑周围常有黄晕，空气湿度大时病斑表面产生黑褐色霉状物；病叶上散生许多病斑，严重时病斑互相连接成不规则形大病斑，病叶由叶尖向下干枯，后期常引起全叶半枯死至枯死，叶片颜色由枯黄变成灰白。

(2)发生规律 由真菌侵染所致。在气温25℃～35℃、多湿时，易发病，从茭白分蘖期到采收期均可发病。土壤偏酸，长期灌深水，肥力不足、缺钾，偏施氮肥，茎叶徒长，管理粗放，生长衰弱，发病重。

(3)预防措施 ①对偏酸性（pH值5～6）土壤，每667平方米施生石灰50～75千克。②其他预防措施可参照茭白纹枯病。

(4)补救措施 ①发病初期，用40%硫磺·多菌灵悬浮剂400倍液，或50%异菌脲可湿性粉剂600倍液，或2%春雷霉素水剂

400倍液，或30%苯噻氰乳油2 000倍液，或40%氟硅唑乳油5 000倍液，或50%敌菌灵可湿性粉剂600倍液喷洒。②结合冬前割茬，收集病残老叶集中烧毁。

130. 怎样避免发生茭白瘟病？

(1)症状识别要点 该病又称为灰心病。主要危害叶片，病斑分急性、慢性和褐点3种类型。①急性型：病斑呈圆点状，大小不一，暗绿色，空气湿度大时病斑背面出现灰绿色霉层。②慢性型：病斑近梭形，似牛眼，周缘红褐色，中央灰白色，空气湿度大时出现灰绿色霉层，病斑两端常有或长或短的坏死线。该型症状是在干燥条件下由急性型病斑转化而成。③褐点型：病斑呈褐色小点，多见于较老叶片，使叶片变黄干枯，在高温干燥的天气条件下发生。

(2)发生规律 由真菌侵染所致。在气温25℃～28℃、高湿，阴雨连绵、日照不足时，易发病。偏施氮肥，植株徒长，种植过密，发病重。

(3)预防措施 ①选用抗病品种。②其他预防措施可参照茭白纹枯病。

(4)补救措施 可参照茭白胡麻斑病。

131. 怎样识别和防治荸荠秆枯病？

(1)症状识别要点 该病又称为秆枯病、红叶病、马蹄瘟，主要危害叶鞘、茎、花器。叶鞘染病，基部初出现水渍状暗绿色不规则形病斑，后扩展到整个叶鞘，病部干燥后呈灰白色，并出现短条状黑色小点；茎秆染病，初出现水渍状椭圆形、梭形至不规则形暗绿色病斑，病部凹陷变软，其上产生黑色小点；花器染病，后也产生类似茎部的椭圆形至不规则形病斑，多发生在鳞片或穗颈部，使花器枯黄坏死。空气湿度大时，病斑上可产生浅灰色霉层。发病重时，因茎秆变软而倒伏。

(2)发生规律 由真菌侵染所致。在气温17℃～29℃，连续阴雨或浓雾、重露天气，易发病，9～10月份为发病高峰期。种植过密，早期施用氮肥过多或缺磷、钾肥，植株徒长柔弱，发病重。

(3)预防措施 ①选用抗病品种。②实行3年以上轮作。③用50%多菌灵可湿性粉剂300倍液或70%硫菌灵可湿性粉剂800倍液，浸泡球茎18～24小时后播栽，齐腰浸渍荸荠苗2～3小时后定植。④控制氮肥施用量，适量增施磷、钾肥。⑤做到排灌分开，防止串灌、漫灌。

(4)补救措施 ①发病初，用25%多菌灵可湿性粉剂250倍液，或50%乙烯菌核利水分散粒剂1000倍液，或70%甲基硫菌灵可湿性粉剂600倍液，或70%硫菌灵可湿性粉剂与75%百菌清可湿性粉剂按1∶1的比例混配，再用水稀释为1000～1500倍液，或50%硫磺·甲硫灵悬浮剂800～1000倍液，或50%甲硫·福美双可湿性粉剂800～1000倍液，或50%咪鲜·氯化锰可湿性粉剂1000倍液，或40%硫磺·多菌灵悬浮剂600倍液喷雾。也可在荸荠植株封行前后喷1次药。②早拔除病株，收获后清除田间病残体，集中烧毁。

132. 荸荠枯萎病会出现哪些症状？怎样防治？

(1)症状识别要点 该病又称为荸荠瘟，危害种荠、根、茎部、球茎。种荠染病，造成烂芽；苗期或成株期染病，茎基部初变褐，植株生长衰弱、矮化、变黄，似缺肥状，后少数分蘖开始枯萎，终至全株枯死；根及茎部染病，变黑褐软腐，植株枯死或倒伏，局部可见粉红色黏稠物；球茎染病，荠肉变黑褐腐烂，或无明显症状、但种植后成为初侵染源。在秧田期及大田前期，病株常整丛黄枯，称为“整棵死”；至9月份，地下茎基很快腐烂，地上部表现为失水青枯，称为“青枯死”。

(2)发生规律 由真菌侵染所致。在气温25℃～30℃,易发病。6月中旬至11月份为发病期,以成株期受害重。播种带病种荠,偏施氮肥,施用未腐熟的有机肥,发病重。

(3)预防措施 ①发病区的荸荠不得留种。②与其他水生蔬菜轮作。③每667平方米施生石灰100千克,再翻地沤田;过5～7天后,结合施基肥,撒施敌磺钠2.5千克。④用50%多菌灵可湿性粉剂600倍液,播种前浸种荠18～24小时,定植前浸荠苗18小时,并剔除病弱苗。⑤种植田块宜小,做到排灌分开,避免串灌、漫灌。⑥不偏施氮肥,应增施磷、钾肥。

(4)补救措施 ①发现病株时,应排干田水,用25%咪鲜胺乳油500倍液,或25%丙环唑乳油500倍液,或50%多菌灵可湿性粉剂400～500倍液,或70%代森锰锌水分散粒剂500倍液,或50%苯菌灵可湿性粉剂1 500倍液喷淋茎基部。喷药时,宜加入农药黏着剂。②早拔除病株,收获后清除田间病残体,集中烧毁。

133. 什么是荸荠茎腐病? 怎样防治?

(1)症状识别要点 该病主要危害叶状茎的中下部。病部初呈暗灰色,后变为不规则形暗色病斑,病健部分界不明显,组织变软易折倒,空气湿度大时病部可产生暗色稀疏霉层;发病的叶状茎呈枯黄色至褐黄色,病茎较短而细。

(2)发生规律 由真菌侵染所致。在气温28℃～33℃、空气相对湿度80%以上,台风暴雨频繁,易发病。9～10月份为发病期。土质瘠薄,土层浅或缺肥,地势低洼,灌水过深,易发病。

(3)预防措施 可参照荸荠枯萎病。

(4)补救措施 ①发现病株时,用50%多菌灵可湿性粉剂800～1 000倍液,或65%代森锌可湿性粉剂500倍液喷雾,雨后补喷。②早拔除病株,收获后清除田间病残体,集中烧毁。

134. 怎样防治荸荠球茎灰霉病?

(1)症状识别要点 该病主要危害采收及贮藏期的球茎。多在球茎伤口处产生鼠灰色霉层,受害球茎内部组织呈深褐色软腐。

(2)发生规律 由真菌侵染所致。田间或贮藏期环境湿度大时,球茎伤口多,发病重。

(3)预防措施 ①选用无病种荠。②用25%多菌灵可湿性粉剂250倍液,或50%甲基硫菌灵可湿性粉剂800倍液,浸泡种荠18～24小时后,即可取出播种。

(4)补救措施 ①初发病时,用50%腐霉利可湿性粉剂2 000倍液,或用50%异菌脲可湿性粉剂1 000～1 500倍液与70%甲基硫菌灵可湿性粉剂1 000倍液混配,或40%硫磺·多菌灵悬浮剂700～800倍液喷雾。喷药后24小时内遇雨要及时补喷。②用45%噻菌灵悬浮剂3 000倍液喷淋贮藏球茎,并结合冷藏(0℃～5℃)。③收获后清除田间病残体,集中烧毁。

135. 发生荸荠(小菌核)秆腐病后该怎么办?

(1)症状识别要点 该病主要危害茎、叶茎。病部变黑腐烂,叶茎变软折倒,其内腔密生针头大小的黑色粒状物(小菌核),地下根部及球茎有的亦变褐坏死。

(2)发生规律 由真菌侵染所致。菌核随病残体在土中越冬,翌年菌核随灌溉水漂浮在水面,接触到植株基部而侵入致病。长期深灌,后期离水过早过干,发病重。

(3)预防措施 ①实行3年以上轮作。②增施有机肥和钾肥,避免偏施氮肥,适时喷施叶面肥。③管好水层,避免长期深灌,中期适当露晒田,后期防止断水过早、过度。

(4)补救措施 ①在封行后,用30%井冈·噻嗪酮可湿性粉剂 1 000 倍液，或 40％异稻瘟净乳油 600 倍液，或 40％敌瘟磷乳油 1 000 倍液喷施，重点喷植株叶状茎下部。喷药前排干田水，48 小时后再按植株生育所需回水。②收获后清除田间病残体，集中烧毁。

十一、多年生蔬菜病害

136. 怎样避免发生芦笋茎枯病?

(1)症状识别要点 该病主要危害茎、侧枝。茎部染病,初出现水浸状黄色斑点,扩大后呈纺锤形或短线条状的深棕色至暗褐色病斑,周缘呈水肿状,后病斑逐渐不规则地扩大,最后呈长纺锤形或椭圆形,中心呈赤褐色凹陷,斑中最后变成灰白色,上着生许多小黑点,其中大型纺锤形病斑为急性型,蔓延迅速,危害最重。待病斑绕茎或枝一周后,病部以上茎、枝干枯死亡,似火烧状。茎秆髓部也可染病,易造成病斑以内的组织腐烂,茎秆疏松、中空、折断、枯死。

(2)发生规律 由真菌侵染所致。发病适温为23℃～26℃。早春始发病,春季气温高低与发病早晚密切相关。在梅雨季节、台风暴雨后及秋雨连绵季节,病害易加重流行,病株率基本上是随着降雨次数的增加而增加,每次降雨后10天,田间就出现一次发病高峰。在一年中,病害发展可分2个阶段:开始发病后的30～40天为病害扩展期,病情发展缓慢;发病40天以后为病害严重期,病情发展快。一般在嫩茎长出2周内染病率最高,首先是近地面的幼嫩鳞片感病,后扩展到全株,在芦笋整个生长季节,病菌可进行10多次侵染。土壤质地黏重,地势低洼,排水不良,留茎数量过多,偏施氮肥或缺肥,管理粗放,植株长势弱,品种抗病性差,清园不彻底,在雨季留母茎等,发病重。

(3)预防措施 ①选用抗病品种。②选地势平坦、土质肥沃、排灌方便的地种植芦笋,前茬是桑果园、林地、棉花、红麻、甜菜等作物的地不宜种芦笋。③采用配方施肥技术,适当增施磷肥、钾肥、钙肥和硼肥。④早春先采收绿笋，7～8月份雨季坚持采笋。适当控制留母茎数量和推迟留母茎的时间，让留母茎的嫩茎出土期与雨季错开，一般要求母茎留养初期有5天以上的晴好天气。⑤采用田间铺草秸或覆地膜的避雨栽培。⑥适时中耕除草，并及时清除病茎。在雨季注意开沟排水。⑦在7～8月份，选晴天连续40天摘除母茎的芽、花、果等。

(4)补救措施 ①春夏季采笋期或割除老株留母茎后，对重病田根盘表面、嫩茎及嫩枝抽薹期进行喷药，选用10%苯醚甲环唑水分散粒剂1 500倍液，或25%丙环唑乳油3 000倍液，或50%异菌脲可湿性粉剂1 500倍液，或50%咪鲜·氯化锰可湿性粉剂2 000倍液，或50%苯菌灵可湿性粉剂1 000倍液，或70%甲基硫菌灵可湿性粉剂600倍液，或64%噁霜·锰锌可湿性粉剂500倍液喷雾，遇雨适当增加次数，雨后及时补喷。重病区要在幼嫩期，或培土前，或采收结束扒土后2～3天晒根盘时喷雾。②在新笋出土5～10厘米高时，用1∶1∶100波尔多液，或75%百菌清可湿性粉剂600倍液(加入0.1%的洗衣粉)，或40%多·锰锌(芦笋青)可湿性粉剂300倍液喷雾。③在母茎出土5～10厘米高时，用海绵蘸上40%多·锰锌可湿性粉剂40倍液涂茎3次，每次间隔2天。④收获时沿土表割除，将枯老病残株深埋或烧毁，并清除杂草。每年11月份，当芦笋秧开始变黄后(不要等到茎秆变干)，从地下5厘米左右深处，用铁锹或锄头将芦笋茎秆铲断，将芦笋秧运到田外处理(作饲料、燃料等)。在浇冻水之前，将田间散落的芦笋枯枝捡拾干净。

137. 怎样防治芦笋褐斑病?

(1)症状识别要点 该病主要危害茎秆、侧枝和拟叶。茎秆染病，在病部初现褐色小点，后逐渐扩大为卵圆形或椭圆形病斑，大小为1～2毫米×2～6毫米，病斑中央灰白色、边缘紫红色，空气湿度大时在病斑中央出现一层稀疏的淡灰色霉层。叶柄和侧枝上病斑较小，红褐色，发病重时常造成拟叶早落或植株提早枯黄死亡。

(2)发生规律 由真菌侵染所致。发病适宜温度为 25℃～28℃，多雨或暴风雨后，发病重，秋季达发病高峰。田间湿度大，种植感病品种，易发病。

(3)预防措施 可参照芦笋茎枯病。

(4)补救措施 ①发病初期，用 50%敌菌灵可湿性粉剂 500 倍液，或 10%苯醚甲环唑水分散粒剂 1 500 倍液，或 6%氯苯嘧啶醇可湿性粉剂 1 500 倍液，或 40%多·锰锌可湿性粉剂 300 倍液，或 40%硫磺·多菌灵悬浮剂 500 倍液，或 50%春雷·王铜可湿性粉剂 800 倍液喷雾。②收获后清除田间病残体，集中烧毁。

(5)注意事项 芦笋的茎枯病和褐斑病的症状比较相似，须注意区别。二者的区别是：芦笋茎枯病的病斑上出现黑色小粒点，茎秆病斑以内的组织腐烂，茎秆疏松、中空；芦笋褐斑病的病斑上出现稀疏的淡灰色霉层，茎秆病斑不能造成茎内组织腐烂，茎秆比较坚硬。

138. 什么是芦笋炭疽病？怎样防治？

(1)症状识别要点 该病主要危害(嫩)茎。病部初现水渍状的小斑点，后逐渐形成针尖大小的淡褐色小病斑，再逐渐形成灰色至浅褐色或红褐色病斑，梭形或不规则形，稍凹陷，有的病斑可相互连接为长条斑或斑块，后期病部长出小黑点或朱红色小点，严重时嫩茎枯死。

(2)发生规律 由真菌侵染所致。在气温 28℃～32℃，春雨来得早，多雨年份或季节，发病重；干旱则发病轻。浇灌过勤或灌水量过大，留茎数量偏多，保留高度一致，枝叶过于密集，间作其他作物过于荫蔽，偏施氮肥，发病重。芦笋受其他病害危害时，炭疽病发生也重。

(3)预防措施 ①在新种植区，可用52℃～55℃温水浸种20～30分钟，再催芽播种；或用50%多菌灵可湿性粉剂或25%溴菌腈可湿性粉剂拌种，用药量为种子重量的0.3%。②不能大水漫灌，应在上午浇水，减少夜晚结露。③其他预防措施可参照芦笋茎枯病。

(4)补救措施 ①早拔除病株，并烧毁。②初发病，用70%代森锰锌可湿性粉剂500倍液，或75%百菌清可湿性粉剂600倍液，或25%溴菌腈可湿性粉剂600～800倍液，或6%氯苯嘧啶醇可湿性粉剂1 000～1 500倍液，或80%福·福锌可湿性粉剂800倍液，或50%苯菌灵可湿性粉剂1 500倍液喷雾，重点喷中下部茎和嫩笋。

(5)注意事项 ①芦笋(茎点霉)斑点病由真菌侵染所致，主要危害茎。阴雨天多，田间积水，偏施氮肥，易发病。病部初现灰白色椭圆形至不规则形斑，病健部分界明显，后期病部密生黑色小点(可与芦笋茎枯病区别)。②清园后，用50%苯菌灵可湿性粉剂1 500倍液，或50%多菌灵可湿性粉剂600倍液，或36%甲基硫菌灵悬浮剂500倍液喷雾。其他预防措施可参照芦笋茎枯病。

139. 怎样防治芦笋(匐柄霉)叶枯病？

(1)症状识别要点 该病主要危害拟叶(叶状茎)。拟叶的叶尖或叶缘染病，病部出现灰白色不规则形病斑，扩展后变为灰褐色，病斑上出现黑色霉状物，常使叶状茎段变褐枯死，发病重时可使植株枯死(可与芦笋紫斑病、褐斑病区别)。

(2)发生规律 由真菌侵染所致。温暖多雨的天气，易发病。偏施氮肥或供肥不足，植株生长过旺或植株生长势差，低洼潮湿，易发病。

(3)预防措施 可参照芦笋茎枯病。

(4)补救措施 初发病,用30%碱式硫酸铜悬浮剂400倍液,或1∶0.5∶100波尔多液,或50%琥胶肥酸铜可湿性粉剂500倍液,或47%春雷·王铜可湿性粉剂800倍液,或75%百菌清可湿性粉剂600倍液,或58%甲霜·锰锌可湿性粉剂500倍液喷雾。

140. 怎样防治芦笋紫斑病?

(1)症状识别要点 该病又称为黑斑病,主要危害枝条。枝条染病,初生紫褐色小斑点,后扩展为近椭圆形或钝纺锤形病斑,病斑四周呈紫褐色,中央呈浅褐色至灰褐色乃至灰白色,病健部交界明显或不明显,从病部以上的小枝干枯,空气湿度大时病斑表面出现薄层霉。

(2)发生规律 由真菌侵染所致。除危害芦笋外,还可危害黄花菜、大葱、洋葱、大蒜等蔬菜,多在生长后期发病。夏秋雨水多,种植过密,偏施氮肥,植株生长过旺,易发病。

(3)预防措施 ①每株留茎5～7根,株高120～150厘米时打顶。②其他预防措施可参照芦笋茎枯病。

(4)补救措施 可参照芦笋(匐柄霉)叶枯病。

141. 发生芦笋茎腐病后该怎么办?

(1)症状识别要点 该病主要危害嫩茎。嫩茎出土时即可染病,初在嫩茎表面形成水渍状的小病斑,后逐渐扩大并侵入到茎秆内部,造成嫩茎组织腐烂、崩解,地上部位呈枯萎状;空气湿度大时,嫩茎表面可形成白色霉。

(2)发生规律 由真菌侵染所致。在气温22℃～28℃时,雨季或连阴天多,易发病。土质黏重或低洼潮湿地,浇水过勤和浇水量过大,施氮肥偏多,留茎数量偏多、枝叶密集,间作其他作物过多等,发病重。

(3)预防措施 ①采用高畦或起垄栽培,种植不宜过密。②采用滴灌或膜下灌溉，不可大水漫灌。③土质黏重地应掺沙或增施有机肥等逐步改良土壤。④其他预防措施可参照芦笋茎枯病。

(4)补救措施 ①及时挖除病笋，集中深埋或烧毁。②初发病，用70%乙铝·锰锌可湿性粉剂500倍液，或64%噁霜·锰锌可湿性粉剂500倍液，或72%霜脲·锰锌可湿性粉剂800～1 000倍液，或69%安克·锰锌可湿性粉剂1000倍液，或30%王铜悬浮剂600倍液，或25%甲霜灵可湿性粉剂600～800倍液喷淋。

142. 芦笋立枯病会出现什么样症状？怎样防治？

(1)症状识别要点 该病又称为枯萎病，主要危害茎部、根系。初见田内个别植株变黄萎蔫，病情扩展后全株枯死。嫩茎染病，拟叶和茎变褐色或纵裂，病株地下茎和根部可现褐色病斑，后期病部腐烂，产生白色至粉红色霉状物；实生苗染病，根茎部的表皮上初出现暗绿色、水渍状的小病斑，以后逐渐变为红棕色或灰褐色，受害部位逐渐缢缩，维管束变褐，表皮软化，使地上茎变黄矮化、萎蔫，落叶或枯死；幼笋染病，茎细小或无法出土。

(2)发生规律 由真菌侵染所致。雨水偏多，易发病。前茬或间作果树、桑树、甘薯、萝卜等作物地，土壤过湿，黏性土壤，地势低洼或地下水位偏高，栽培年限长的地，地下茎盘受到损伤的地，偏施氮肥地，磷、钾肥及微量元素不足的地，施用未腐熟有机肥或有机肥施用距离笋株太近的地，浇水过多或排水不及时的地，芦笋移栽过深的地，田间病残体多的地，易发病。

(3)预防措施 ①育苗地宜实行3～4年轮作，避免幼苗烧根或沤根。②其他预防措施可参照芦笋茎枯病。

(4)补救措施 ①初发病，用36%甲基硫菌灵可湿性粉剂600倍液，或50%多菌灵可湿性粉剂500倍液，或1∶1∶160波尔多液，或77%氢氧化铜可湿性粉剂500倍液，或30%碱式硫酸铜悬浮剂400～500倍液，或40%多·锰锌(芦笋青)可湿性粉剂300～

500 倍液喷淋。②其他补救措施可参照芦笋茎枯病。

(5) 注意事项 ①芦笋冠腐病又称为芦笋根腐病，由真菌侵染所致。主要危害茎基部或根部，一般在春季温度、湿度适宜时开始发病。病部初变为褐色，皮层逐渐腐烂，仅残留表皮及维管束，表皮下有白色霉，髓部变色，严重时小根全部烂掉，根部溃烂，植株黄化、矮小或凋萎枯亡，一般不落叶(可与茎枯病区别)。②预防措施和补救措施可参照芦笋茎枯病。

143. 怎样识别和防治芦笋(疫霉)根腐病?

(1) 症状识别要点 主要危害茎基部、根部。老笋株染病，最初下部拟叶变黄，随病情发展，近地表附近茎环割，病株萎蔫；幼株染病，病情发展快，根茎(基)部常迅速变黑，致全株枯死，空气湿度大时表面出现稀疏白霉，晴朗和干旱天气病征通常不明显。

(2) 发生规律 由真菌侵染所致。高湿天气和较高的土壤湿度，连茬时间长，易发病。

(3) 预防措施 ①宜选用新地做苗床，或采用营养钵(盘)育苗。②用 25%甲霜灵可湿性粉剂拌种，用药量为种子重量的 0.3%。③其他预防措施可参照芦笋茎枯病。

(4) 补救措施 ①早挖除病株，并往病穴内喷淋药液。②初发病，用 25%甲霜灵可湿性粉剂 800～1 000 倍液，或 66.5%霜霉威盐酸盐水剂 600～800 倍液，或 72%霜脲·锰锌可湿性粉剂 800 倍液，或 70%乙铝·锰锌可湿性粉剂 500 倍液，或 56%氧化亚铜水分散粒剂 800 倍液，或 30%王铜悬浮剂 600 倍液，或硫酸铜 1 500～2 000 倍液喷淋。

144. 怎样识别和防治芦笋紫纹羽病?

(1) 症状识别要点 该病主要危害根部。幼嫩新根先染病，病根逐渐失去光泽变为黄褐色至黑褐色，表面有紫色细丝状物(菌丝),随病情发展,根上产生菌丝体结成的紫色纹羽状菌索和扁形的紫色小菌核,菌索纵横交错成网状布满根部,导致根系腐烂、中空只剩皮层,致使病株易被拔离土壤。地上部分初期呈缺肥症状,长势衰弱,拟叶小枝变黄枯死或落叶,最后整株死亡。

(2)发生规律 由真菌侵染所致,除危害芦笋外,还可危害豆科、菊科、藜科、蓼科、伞形花科等植物。低洼潮湿、积水的笋园发病重。

(3)预防措施 ①不宜在桑园、果园、大豆、甘薯、牛蒡等地栽种芦笋,宜选择禾本科茬口。②重病田在7年内不能栽芦笋。③其他预防措施可参照芦笋茎枯病。

(4)补救措施 ①早挖除病株(含所有病根)并烧毁,用20%石灰水浇灌病穴四周土壤。②在病株四周开沟,防止病菌随土壤或流水传播蔓延。③初发病,用70%甲基硫菌灵可湿性粉剂700倍液,或50%苯菌灵可湿性粉剂1 500倍液喷淋。

145. 怎样防治黄花菜叶斑病?

(1)症状识别要点 该病又称为穿孔病、秆腐病,主要危害叶片、花薹。嫩叶染病,初现淡黄色小斑点,后扩展为深褐色椭圆形或梭形病斑,病斑周围有黄色晕圈且中央由黄褐色变为灰白色,后病斑破裂呈穿孔状;薹秆染病,初现褐色水渍状小点,后扩展成纺锤形病斑,病斑中央凹陷,发病重时造成茎叶枯萎、薹秆折断。空气湿度大时,病部可见淡红色霉层。

(2)发生规律 由真菌侵染所致。旬平均温度17℃~18℃、空气相对湿度80%以上,或阴雨后,易发病。可在3~6月份和9月份发生。土壤黏重,栽种过密,偏施氮肥,植株衰老或叶片生长柔嫩,杂草丛生,管理粗放,发病重。

(3)预防措施 ①选用抗病品种。②冬季及时清洁园地,彻底割除枯死秋苗,烧毁病叶,及时培土施肥。开春后要松土除草,开沟排水，并控制施肥量，以防春苗生长过嫩。

(4)补救措施 ①早摘初发病叶，集中销毁。②初发病，用70%甲基硫菌灵可湿性粉剂1 000倍液，或75%百菌清可湿性粉剂500倍液，或50%多菌灵可湿性粉剂500倍液，或40%硫磺·多菌灵悬浮剂500倍液，或50%腐霉利可湿性粉剂1 500倍液喷雾。

146. 怎样避免发生黄花菜叶枯病？

(1)症状识别要点 该病又称为茅草燥，主要危害叶片、花薹。叶片染病，多从叶尖或叶缘初现灰白色小点，渐渐向下向内发展成黄褐色长条形病斑，并在其上产生大量黑色霉点，严重时全叶干枯，形同枯燥茅草，常导致植株整片枯死；花薹染病，初现湿润状斑点，逐渐扩大形成椭圆形淡褐色病斑，后致使薹秆呈灰白色干枯状。

(2)发生规律 由真菌侵染所致。在气温18℃～23℃、空气相对湿度80%以上，多雨季节，易发病。在4～6月份发生。低洼潮湿地，土壤板结贫瘠地，土壤偏酸性，生长不良，种植感病品种，发病重。

(3)预防措施 可参照黄花菜叶斑病。

(4)补救措施 初发病，用50%多菌灵可湿性粉剂800倍液，或70%甲基硫菌灵可湿性粉剂1 000倍液，或20%三唑酮乳油1 500倍液喷雾。

147. 什么是黄花菜炭疽病？怎样防治？

(1)症状识别要点 该病主要危害叶片。叶片染病，初从叶尖或叶缘出现半圆形或椭圆形褐色病斑，边缘深褐色，病健部分界较明晰，有的病斑外围出现黄晕，病斑扩展并相互连接为条形斑，致叶片变灰褐色至灰白色干枯，后期病部出现小黑点病征。

(2)发生规律 由真菌侵染所致。在气温28℃～30℃、连续阴雨天,易发病。低洼潮湿或排水不良地,偏施氮肥地,植株长势过旺,叶螨为害重的地,易发病。

(3)预防措施 ①采用高畦种植,合理密植。②注意防治叶螨。③其他预防措施可参照黄花菜叶斑病。

(4)补救措施 ①早拔除病株,收获后清除田间病残体,集中销毁。②初发病,用75%百菌清可湿性粉剂600倍液,或50%苯菌灵可湿性粉剂1 500倍液,或75%百菌清可湿性粉剂1 000倍液与50%多菌灵可湿性粉剂1 000倍液混配喷雾。

148. 发生黄花菜褐斑病后该怎么办?

(1)症状识别要点 该病又称为叶斑病、发灾、水瘟等,主要危害叶片。病叶出现椭圆形至不规则形黄褐色病斑,边缘色深,病斑外围常具有黄色晕圈,有3～7毫米×1～2毫米大小。当病斑密布叶面并相互连接时,使叶片呈褐色焦枯。后期斑面可出现霉状物或小黑粒或小黑点。危害重时可造成全部枯死,无花可收。

(2)发生规律 由多种真菌侵染所致。在温暖多雨的季节或地区,易发病。连茬地,偏施氮肥地,植株长势不良地,管理不善的地块,发病重。

(3)预防措施 可参照黄花菜叶斑病。

(4)补救措施 初发病,用50%多菌灵可湿性粉剂800倍液,或36%甲基硫菌灵悬浮剂500倍液,或50%苯菌灵可湿性粉剂1 500倍液,或25%腈菌唑乳油6 000倍液,或50%胂·锌·福美双可湿性粉剂500～700倍液喷雾。

十二、蔬菜虫害

149. 什么是蔬菜害虫？

蔬菜害虫是指生活在菜田，以蔬菜为食并造成危害的昆虫。它们的身体可明显地分为头、胸、腹三部分，在胸部着生 4 翅 6 足（腿）。它们的一生（代）一般要经过成虫、卵、幼虫、蛹等四个阶段或成虫、卵、若虫等 3 个阶段，只有成虫、幼（若）虫会对蔬菜造成危害。由于人们一般用“虫”来泛指一些体型较小的动物，所以有些对蔬菜造成危害的体型较小的动物并不属于昆虫。例如：螨类（红蜘蛛、茶黄螨等）有 8 条腿（少数种为 4 条腿），属于蛛形纲动物；蜗牛、蛞蝓等无腿，属于软体动物；西瓜虫（鼠妇）有 14 条腿，属于甲壳纲动物。

150. 蔬菜害虫的为害方式各有什么特点？

由于各种害虫的取食口器（嘴）、生活方式不同，所以为害方式也不同，可分为以下 3 种类型。

(1) 咬食为害类 该类害虫具有咀嚼式口器，咬食蔬菜。根据害虫的生活史，又可分为 4 类。①成虫和若虫或幼虫均咬食蔬菜地上部分的叶片或幼嫩部位，使受害部位出现缺刻、空洞等，有猿叶虫类、瓢虫类、蝗虫类、蟋蟀类、芫菁类、菜青虫、小菜蛾、草地螟、黏虫、甘蓝（斜纹、甜菜）夜蛾类、灯蛾类、菜叶蜂类等，可选用具有胃毒和触杀作用的杀虫剂防治。②成虫咬食蔬菜地上部分的叶片或幼嫩部位，使受害部位出现缺刻、空洞等，而幼虫在地下咬食蔬菜的根部、种子、块茎，使受害植株出现萎蔫、枯死，有黄守瓜类、跳甲类、象甲类、蛴螬类等。选用具有胃毒和触杀作用的杀虫剂，在成虫盛发期喷洒蔬菜地上部分，防治成虫；选用防治地下害虫的杀虫剂配成药液，在幼虫初为害时，灌根防治。③成虫和若虫或幼虫均咬食蔬菜的根部、种子、块茎，有地老虎类、蝼蛄类、金针虫、蚂蚁类等，可用毒饵法或灌根法防治。④幼虫钻蛀到果实或植株内咬食，受害部位出现蛀孔，而成虫一般不为害，有棉铃虫、烟青虫、茄黄斑螟、瓜绢螟、豆野螟、豆荚螟、菜螟虫、螟虫类等。选用具有胃毒和触杀作用的杀虫剂，在成虫盛发期或卵孵化盛期喷雾防治。此类幼虫多在3龄后钻蛀为害，一定要把幼虫消灭在钻蛀前，否则防治效果差。

(2)刺(锉)吸为害类 该类害虫具有刺(锉)吸式口器，多在蔬菜的叶背面、幼嫩部位及根部吸食植物汁液，在受害部位出现褪绿小斑点、黄化、畸形等症状，有些还可传播病毒病。①昆虫类。常见的害虫有蚜虫类、粉虱类、叶蝉类、蓟马类(锉吸式口器)、飞虱类、蝽类等，可选用具有内吸和触杀作用的杀虫剂防治。②螨类。选用具有内吸和触杀作用的杀螨剂防治。有些杀虫剂兼有杀螨作用，适宜在虫螨混发时使用，但不能作为专用杀螨剂使用。

(3)刮食为害类 该类害虫的成虫对蔬菜造成一定的危害，幼虫具有刮吸式口器，钻蛀到蔬菜内部刮吸汁液，受害部位可出现明显的破损症状。①钻蛀为害蔬菜根茎部、种子，有韭蛆、种蝇类。选用具有胃毒和触杀作用的杀虫剂，在成虫羽化盛期喷雾防治，或在幼虫发生初期灌根防治。②钻蛀为害蔬菜叶部，有斑潜蝇类、潜叶蝇类、葱须鳞蛾。可选用具有胃毒和触杀作用的杀虫剂，在成虫羽化盛期或卵孵化盛期喷雾防治。幼虫初在叶面上钻蛀时，选用具有内吸作用的杀虫剂防治。③成虫产卵于果实上，幼虫钻蛀到果实内，如实蝇类。

151. 怎样防治蚜虫类害虫？

(1)识别要点 蚜虫又称为蜜虫、油虫、腻虫、蚁虫、油汗等。

体长1.2～2.6毫米，多数约为2毫米。头部较小。腹部相对较大，呈椭圆球状。分有翅和无翅两种类型。体色因种类不同和季节变化，有乳白色、淡黄色、黄色、黄绿色、灰绿色、墨绿色、樱红色、红褐色、深褐色、黑色、紫黑色等。有些种类的头、胸、腹各部位的体色不一致。

(2)为害特点 ①在蔬菜上为害的蚜虫有近20种，其中多数种类只为害一种蔬菜(如莴苣指管蚜、芦笋小管蚜)或一类蔬菜(如萝卜蚜、豆蚜)，少数种类(如桃蚜、瓜蚜)几乎可为害所有种类蔬菜。除为害蔬菜外，还在多种杂草上取食生存。成蚜或若蚜群集于蔬菜叶背面、嫩茎、生长点、花器、根部，吸食汁液，受害株叶片向背面卷曲皱缩，心叶生长受阻，花器发育不良，严重时全株萎蔫枯死。蚜虫为害时排出大量蜜露，落在下部叶片上，引起煤污病。部分种类(如桃蚜、豆蚜)可传多种蔬菜病毒病。②平均气温在23℃～27℃、空气相对湿度为75%～85%时，蚜虫繁殖最快，为害最重。在露地蔬菜，每年5～7月份和9～10月份为发生高峰期。由于保护地栽培面积逐年扩大，其内的温湿条件适于蚜虫生存，又出现保护地到露地、露地到保护地的迁飞周年为害方式。有翅蚜喜欢黄色而讨厌银灰色。

(3)预防措施 ①在早春杂草萌芽后，或在蔬菜作物换茬或拉秧前，或入冬前，铲除或喷洒除草剂灭除田间和地边的杂草。蔬菜拉秧后，及时清运田间残枝败叶，深埋或烧毁。②调整播种期，避开当地蚜虫发生高峰期。③在育苗期可采取多种措施防蚜。④采用银灰色避蚜。在苗床四周铺15～20厘米宽银灰色薄膜，苗床上方每隔50～100厘米挂3～6厘米宽银灰色薄膜。菜田播种后，即搭50厘米高的拱棚，每隔30厘米宽，纵、横各拉一条银灰色薄膜，覆盖约18天，当菜苗长到6～7片真叶时撤去拱棚定植。按铺地膜要求，整好菜地，用银灰色薄膜代替地膜进行覆盖，然后播种或栽苗。搭架后，在菜苗上方与菜畦平行拉两条10厘米宽的银灰色薄膜，并随着蔬菜生长向上移动。可用银灰色薄膜代替普通棚膜覆盖小拱棚，或在小拱棚上拉10厘米宽的银灰色薄膜。采用银灰色遮阳网或防虫网覆盖蔬菜。⑤可用长100厘米、宽20厘米的硬纸板或纤维板，先在板上涂一层黄色广告色或黄色油漆，晾干后，再涂一层黄色机油（10号机油内加少许黄色凡士林），把此板插于田间，高出蔬菜作物30～60厘米，每667平方米插32～34块，每隔7～10天涂一次黄色机油。⑥可与有驱避蚜虫作用的蔬菜（如韭菜）或阻挡蚜虫作用的作物（如玉米）搭配种植。⑦要重视保护地的防治工作，避免蚜虫迁出和迁入。

(4)补救措施 ①初发生蚜虫时，用80%敌敌畏乳油1 000～1 500倍液，或80%马拉硫磷乳油1 500倍液，或25%喹硫磷乳油2 000倍液，或2.5%氯氟氰菊酯乳油3 000～5 000倍液，或10%联苯菊酯乳油3 000～4 000倍液，或50%抗蚜威可湿性粉剂2 000～3 000倍液（不能在瓜蚜使用），或20%氰戊·马拉松乳油2 000倍液，或40%氰戊·杀螟松乳油2 000倍液喷雾。在蚜虫始盛期，每667平方米用10%吡虫啉可湿性粉剂10～20克或5%吡虫啉乳油20～40毫升，对水30～40升喷雾；用3%啶虫脒乳油15～20毫升或5%啶虫脒可湿性粉剂9～12克，对水30升喷雾。②用洗衣粉0.2份、尿素0.8份、水100份，配成混合液喷雾。③保护或人工释放蚜虫天敌七星瓢星、异色瓢虫、草蛉、食蚜蝇、蚜茧蜂、蚜霉菌等。④用50%辛硫磷乳油1 500倍液，或10%吡虫啉可湿性粉剂1 500倍液，灌根防治菜豆根蚜。

152. 蔬菜上有哪些粉虱类害虫？怎样防治？

(1)识别要点 在蔬菜上为害的粉虱类害虫有温室白粉虱和B型烟粉虱。①温室白粉虱又称为小白蛾子。雌成虫体长1.06毫米、雄成虫体长0.99毫米，亮白色，成虫双翅合拢时平覆在腹部，通常腹部被遮住。雄、雌成虫不易成双停在一起。②B型烟粉虱的雌成虫体长0.91毫米、雄成虫体长0.85毫米，淡黄白色至白色，成虫双翅合拢时呈屋脊状，通常在两翅间可见到黄色腹部。雄、雌成虫易一小一大停在一起。成虫的飞行能力均较弱。

(2)为害特点 两种粉虱的成虫和若虫均群居在蔬菜嫩叶背面吸食汁液，使受害叶片褪绿、变黄、萎蔫，重者全株枯死，还可分泌蜜露，引发煤污病。两种粉虱均可借助保护地进行周年为害。两种粉虱的成虫均喜欢黄色。①温室白粉虱可为害瓜类、茄果类、豆类、绿叶菜类及花卉等数百种作物，可传播6种较轻病毒病，现几乎遍布全国。其繁殖适宜温度为18℃～21℃，7～9月份为害最重。②B型烟粉虱除为害瓜类、茄果类、豆类、绿叶菜类及花卉等数百种作物，并为害甘蓝、花椰菜、芥蓝等(温室白粉虱不为害)，可传播50余种病毒病(有18种较重)。B型烟粉虱还可在一些蔬菜上造成特殊症状，如：西葫芦和南瓜植株受害后，初期叶片沿脉变白、后全叶变成银白色或银色(称为银叶反应，B型烟粉虱又可称为银叶粉虱)，果实表现为花斑状不均匀成熟；番茄植株受害后，其果实表现为不均匀的成熟；青花菜受害后，出现白茎症状；甘蓝和花椰菜植株受害后，出现叶片萎缩、黄化、枯萎等症状；萝卜植株受害后，出现颜色白化、口味变淡、重量减轻等症状；丝瓜和节瓜植株受害后，明显褪绿。B型烟粉虱对环境的适应性强于温室白粉虱，在我国北方、长江流域和华东地区，7～9月份为害最重，在华南地区7月份和9月份是盛发期。

(3)预防措施 ①可参照蚜虫预防措施中的①、③、⑤、⑦条内容。②在幼苗定植前，用25%噻虫嗪水分散粒剂6 000～8 000倍液灌根，每株灌30毫升药液。

(4)补救措施 ①在粉虱初发生时，用1.8%阿维菌素乳油2 000～3 000倍液，或2.5%联苯菊酯乳油1 000～3 000倍液，或2.5%氯氟氰菊酯乳油5 000倍液，或20%甲氰菊酯乳油2 000倍液，或10%噻嗪酮乳油1 000倍液，或10%吡虫啉可湿性粉剂

2 000 倍液，或 5％氟虫腈悬浮剂 1 500 倍液，或 25％噻虫嗪水分散粒剂 5 000～6 000 倍液，或 40％阿维·敌敌畏乳油 1 000 倍液，或 21％氰戊·马拉松(增效)乳油 3 000 倍液喷雾。要仔细往全株叶背面喷药，并连续喷药。②及时摘除带有卵、若虫、蛹等的老叶，带到田外深埋或烧毁。

(5) 注意事项 B 型烟粉虱已造成两种新病害。①番茄(烟草曲茎病毒)病毒病：受害株出现矮化、茎秆顶部扭曲等症状。②番茄(黄化曲叶病毒)病毒病：受害株出现矮化、顶部叶片黄化(叶脉间叶肉发黄)、变小，叶片边缘向上卷曲，结果减少、果实变小等症状。

153. 发生叶蝉类害虫后该怎么办?

(1) 识别要点 在蔬菜上为害的叶蝉类害虫有以下几种。①大青叶蝉：又称为青大叶蝉、大浮尘子、大绿浮尘子、菜蚱蜢、大青衣虫、青头虫、瞎碰、横着、尿壶几等。成虫体长 7～9 毫米，头胸部黄色，前翅绿色。②棉叶蝉：又称为棉叶跳虫、棉浮尘子、棉二点叶蝉、二点浮尘子、茄叶蝉等。成虫体长 3 毫米左右，头、胸部黄色，前翅黄绿色透明。③小绿叶蝉：又称为桃叶蝉、桃小浮尘子、桃小绿叶蝉、桃小叶蝉等。成虫体长 3.3～3.7 毫米，淡黄绿色至绿色，前翅半透明。④黑尾叶蝉：成虫体长 4.5～6 毫米，黄绿色，腹背黑色。

(2) 为害特点 ①大青叶蝉：可为害十字花科、茄科、豆类、绿叶菜类、胡萝卜等蔬菜。成虫和若虫在叶片上吸食汁液，造成褪色、卷缩、畸形，甚至全叶枯死，还可传播病毒病。每年发生的代数不同，吉林省 2 代、北京市 3 代，为害期是 4～9 月份，江西省 5 代。成虫喜光，若虫喜群集，成虫和若虫均喜弹跳。②棉叶蝉：为害十字花科、茄科、豆类、绿叶菜类等蔬菜。成虫和若虫在叶片上吸食汁液，先是叶尖和边缘变黄，逐渐向叶中部扩展，为害重时，叶尖和边缘由黄色变红色，后期还会由红色变为焦黑色，最后卷缩、畸形，甚至全叶枯死，还可传播病毒病。每年发生的代数不同，江苏省8～9代、广东省14代，为害期是5～11月份。成虫喜光，若虫喜群集。成虫和若虫均喜弹跳。③小绿叶蝉：为害茄子、菜豆、大豆、十字花科等蔬菜及果树。成虫和若虫在叶片上吸食汁液，受害叶初现白色斑点，后渐扩成片，严重时全叶苍白早落。各地均有分布，每年发生4～6代，8～9月份为害最重。④黑尾叶蝉：为害茭白、慈姑。成虫和若虫在叶片上吸食汁液，受害处呈现棕褐色条纹，使植株发黄或枯死。分布在长江中上游及西南各省，每年发生5～6代。

(3)预防措施 ①在入冬前或初春，全面清除田间和地边杂草。②利用灯光诱杀成虫。

(4)补救措施 ①在各次若虫盛发期，每667平方米用2%异丙威粉剂2千克喷粉。②在各次若虫盛发期，用20%异丙威乳油500～800倍液，或10%吡虫啉可湿性粉剂1 500倍液，或20%噻嗪酮乳油1 000倍液，或50%杀螟硫磷乳油1 000～1 500倍液，或50%马拉硫磷乳油1 000～1 500倍液喷雾。

(5)注意事项 ①长绿飞虱成虫体长5～7毫米，体细长、淡绿色，眼黑色或红褐色，头顶长、突出在眼前，触角圆锥形，翅透明，能跳跃，后足有一个能活动的扁平距。若虫初乳白色稍透明，后变绿色。成、若虫刺吸茭白汁液，受害叶出现黄白色至浅褐色或棕褐色斑点，后从叶尖向基部逐渐变黄干枯，其排泄物覆盖叶面形成煤污状。雌虫产卵痕初呈水渍状，后分泌白绒状蜡粉。植株出现伤口后失水，成团枯萎，成片枯死，不能结茭。②国内分布很广，江南普遍。每年发生代数：吉林省3代，江苏、江西、浙江、湖北、上海等地4～5代。为害期为5～6月份和8～9月份，秋季重。③预防措施可参照二化螟，药剂防治可参照叶蝉。

154. 怎样识别和防治蝽类害虫?

(1)识别要点 在蔬菜上为害的蝽类害虫有20余种,主要有以下几种。①菜蝽:又称为河北菜蝽、云南菜蝽、斑菜蝽、花菜蝽、姬菜蝽、萝卜赤条蝽等。成虫体长6～9毫米、体宽3.2～5毫米,虫体呈扁平状、椭圆形,橙黄色或橙红色。②斑须蝽:又称为臭大姐、细毛蝽。成虫体长8～13.5毫米、体宽约6毫米,虫体呈扁平状、椭圆形,黄褐色或紫色。③红脊长蝽:又称为黑斑红长蝽。成虫体长8～11毫米、体宽3～4.5毫米,虫体呈长椭圆形,赤黄色至红色。④瓜褐蝽:又称为九香虫、黑兜虫、臭屁虫等。成虫体长16.5～19毫米、体宽9～10.5毫米,虫体呈长卵形,紫黑色至黑褐色。⑤点蜂缘蝽:成虫体长15～17毫米、体宽3.6～4..5毫米,虫体狭长,黄褐色至黑褐色。⑥韭菜条盲蝽:成虫体长约2毫米,虫体扁平,黑色。

(2)为害特点 成虫和若虫喜在蔬菜作物幼嫩的芽、茎、叶、花、穗、果、荚处吸食汁液,受害处可出现白色、或黄白色、或黄褐色、或浅褐色、或褐色至黑褐色斑点,严重时叶片卷曲或枯黄、嫩茎萎蔫至枯死、不能结荚或籽粒不饱满,还可传播软腐病。①菜蝽:主要为害十字花科蔬菜,在华北地区每年发生2代,5～9月份为主要为害期。②斑须蝽:主要为害十字花科蔬菜、胡萝卜、葱、豌豆等。全国分布。每年发生代数,黄河以北地区为2代,长江以南地区为3～4代。③红脊长蝽:主要为害瓜类、白菜、油菜等蔬菜。分布在东南诸省。每年发生2代,4～11月份为主要为害期。④瓜褐蝽:主要为害瓜类、豆类、茄子等蔬菜,分布在河南及以南诸省,每年发生1～3代。⑤点蜂缘蝽:主要为害豆类、丝瓜、白菜等蔬菜,分布在沈阳以南的东部各省,每年发生3代。⑥韭菜条盲蝽:主要为害韭菜、大葱等蔬菜,分布在华北、华东、华南等地区,在山东省2～11月份为主要为害期。

(3)预防措施 ①在入冬前，全面清除田间的残枝落叶及杂草，及时堆沤或焚烧，并深翻地。②人工摘除蝽类卵块，或在成虫产卵盛期浇水，淹杀产在地面的卵。③在傍晚，每 667 平方米瓜地里插 6～7 束用尿浸泡过的稻草把，瓜褐蝽成虫喜闻尿味，就会集中到草把上，翌晨集中草把深埋或烧毁。

(4)补救措施 在成虫、若虫为害期，用 40%乐果乳油 1 000 倍液，或 80%敌敌畏乳油 1 500～2 000 倍液，或 50%乙酰甲胺磷乳油 1 000 倍液，或 48%毒死蜱乳油 1 500 倍液，或 2.5%溴氰菊酯乳油 3 000 倍液，或 10%氯氰菊酯乳油 2 000 倍液，或 21%氰戊·马拉松(增效)乳油 4 000 倍液，或 25%杀虫双水剂 400 倍液，或 1.8%阿维菌素乳油 3 000 倍液喷雾。

155. 有哪些蓟马类害虫？怎样防治？

(1)识别要点 在蔬菜上为害的蓟马类害虫有 20 余种，均为体型很微小的害虫。成虫体细长、略扁，体长 0.8～1.5 毫米，翅狭长，边缘有很多长而整齐的缨状缘毛，能飞但不常飞，多在早晚活动，体色因种不同而略有差异。主要的有以下几种。①棕榈蓟马：又称为瓜蓟马、节瓜蓟马、棕黄蓟马、南黄蓟马，体金黄色。②黄蓟马：又称为菜田黄蓟马、棉蓟马、忍冬蓟马、节瓜亮蓟马、瓜亮蓟马、亮蓟马，体黄色。③黄胸蓟马：又称为夏威夷蓟马，胸部橙黄色，腹部黑褐色。④烟蓟马：又称为棉蓟马、葱蓟马，体暗黄色至淡棕色，翅淡黄色。⑤葱蓟马：又称为烟蓟马，体褐色或黑褐色，翅近透明状。⑥花蓟马：又称为台湾蓟马，头胸部黄褐色，腹部褐色带紫。⑦西花蓟马：又称为苜蓿蓟马，体黄色至深灰褐色。

(2)为害特点 成虫和若虫喜在蔬菜作物幼嫩的芽、茎、叶、花、果处锉吸食汁液。叶片受害处出现黄白色斑点，严重时斑点连成片，使整片叶呈灰白色，卷缩扭曲；嫩茎芽受害，新芽僵缩，生长受阻；花器受害，影响结实；幼果受害，僵硬畸形，生长停止，重时落果，还可传播病毒病。①棕榈蓟马：发育适宜温度为 15℃～32℃，主要为害瓜类、茄果类、豆类、十字花科等蔬菜，广东和广西的 4～9 月份、山东省的 7～9 月份为主要为害期。②黄蓟马：主要为害瓜类、茄果类、豆类、葱、油菜、百合等蔬菜，分布在华中、华南地区，河南省的 5～9 月份为主要为害期。③黄胸蓟马：主要为害瓜类、茄果类、豆类、十字花科、蕹菜等蔬菜，分布在我国中部、东部及南部诸省，3 月初始为害，高温干旱适宜该虫大发生(如河南省 8～9 月份)。④烟蓟马：主要为害棉花、烟草、葱蒜类作物，在气温 23℃～25℃、空气相对湿度为 44%～70%时，对该虫发生有利，在南方长年发生，华南地区 3～5 月份，华北南部、山东省和河南省 5～6 月份，西北、东北、华北北部 7～9 月份，为盛发期。⑤葱蓟马：主要为害葱蒜类、瓜类、茄果类、白菜、烟草、棉花等作物，在北方地区 6～7 月份，华南、西南地区 5～6 月份，为盛发期。⑥花蓟马：主要为害瓜类、茄果类、豆类、十字花科等蔬菜的花部，分布在全国，每年 4 月份出现，6～9 月份是其为害高峰期。⑦西花蓟马：是近年来传入我国的一种新害虫，主要为害茄果类、黄瓜、大葱、生菜等几乎所有主栽蔬菜及花卉和果树等 500 余种植物，致使花瓣褪色、叶片皱缩、茎和果上形成伤疤，最终使植株枯萎，并传播多种病毒病。在气温 15℃～35℃均能发育，适应性和和繁殖力极强，露地和保护地均可发生。专家预测该虫的潜在分布区包括：东北地区、华北地区、华中地区、华南地区以及西北部分地区。

(3)预防措施 ①在入冬前、或早春、或前茬作物拉秧后，全面清除田间的残枝落叶及杂草，堆沤或烧毁，并深翻地。②采用营养钵或穴盘育苗，育苗区要与生产区隔离一定距离，培育无虫苗；适当调整播种期，避开当地蓟马为害高峰期。③采用地膜覆盖栽培，蔬菜生长期，注意小水勤浇。④注意防治蔬菜田附近其他作物和杂草上的蓟马类害虫。

(4)补救措施 在若虫为害时，用 50%辛硫磷乳油 1 000 倍液，或 25%喹硫磷乳油 800～1 000 倍液，或 80%杀螟丹可湿性粉剂 2 000 倍液，或 21%氰戊·马拉松（增效）乳油 3 000 倍液，或 2.5%多杀菌素悬浮剂 1 000～1 500 倍液，或 1.8%阿维菌素乳油 3 000 倍液，或 20%吡虫啉可溶液剂 3 000 倍液，或 25%噻虫嗪水分散粒剂 1 500 倍液喷雾。

(5)注意事项 ①蓟马类害虫体小而易被忽视，当环境条件适宜蓟马发生时，要加强监测。②对西花蓟马要加强植物检疫工作。

156. 有哪些螨类可为害蔬菜叶片？怎样防治？

(1)识别要点 在蔬菜叶片上为害的螨类有 3 种类型。①叶螨类：体型有 0.32～0.55 毫米大小，根据体色又可分为 2 类。第一类：体色为红色、深红色、锈红色，有朱砂叶螨（又称为棉红蜘蛛、红叶螨、棉叶螨等）、截形叶螨（又称为棉红蜘蛛、红叶螨、棉叶螨、茄子红蜘蛛、火蜘蛛、火龙、红砂、砂龙等）、神泽氏叶螨、豆叶螨。第二类：体色为淡绿色、黄绿色、淡黄色等，有二斑叶螨（又称为棉叶螨）、土耳其斯坦叶螨。②侧多食跗线螨：又称为白蜘蛛、茶黄螨、黄茶螨、茶半跗线螨、茶嫩叶螨、阔体螨等，体型仅有 0.2 毫米大小，体色为淡黄绿色、淡黄色至橙黄色。③番茄刺皮瘿螨：又称为番茄刺锈螨、刺皮瘿螨，成螨体长 0.2 毫米左右、宽约 0.07 毫米，有 4 条腿，体呈浅灰绿色、半透明状。

(2)为害特点 ①叶螨类：主要为害茄果类、瓜类、豆类等蔬菜，以成螨和若螨群集叶背吸食汁液，也可在嫩茎、花器处为害。受害叶初现白色小点、后为黄白色，严重时致叶片变黄焦枯，呈锈色状如火烧，叶片早衰、易脱落；花器受害，落蕾、落果；茄果受害后，果实僵硬，果皮粗糙、呈灰白色。各地均有分布。适宜生存条件为气温 25℃～30℃、空气相对湿度 40%～60%，大雨大风不利于叶螨生存。②侧多食跗线螨：主要为害茄果类（含马铃薯）、瓜类、豆类、萝卜、芹菜、蕹菜、落葵、苋菜、芥蓝、西芹、茼蒿、白菜等蔬菜，以成螨和若螨集中在蔬菜幼嫩的芽、叶、花器、幼果等处刺吸汁液。受害叶片增厚僵直，变小变窄，叶背呈黄褐色或灰褐色，带油渍状光泽，叶缘向背面卷曲，变硬发脆；受害幼茎呈黄褐色至灰褐色，扭曲畸形、节间缩短，严重时顶部枯死，形成秃顶；花器受害，花蕾畸形，严重时不能开花结果；幼果或嫩荚受害，受害处停止生长，表皮呈黄褐色、粗糙，果实僵硬，膨大后表皮龟裂，种子裸露，味苦不能食用，果柄和萼片呈灰褐色。各地均有分布。适宜生存条件为气温 15℃～30℃、空气相对湿度 80%～90%。③番茄刺皮瘿螨：主要为害茄果类（含马铃薯）蔬菜。辣椒嫩叶受害，叶片反卷，皱缩增厚。番茄嫩叶受害，叶片反卷，皱缩增厚，初期症状不明显，逐渐叶背出现苍白色斑点，表皮隆起，最后产生灰白色毛毡状物。老叶受害不弯曲，但质地变脆，失去光泽。为害重时，茎和果实硬化，呈淡褐色。分布在贵州、河南、广西、河北、上海等地，适宜生存条件为气温 20℃～35℃、空气相对湿度 45%～70%，露地多发生在植株生长中后期，5 月中旬可见为害症状，为害盛期在 6～7 月份。

(3)预防措施　①在入冬前、或早春、或前茬作物拉秧后，全面清除田间的残枝落叶及杂草，堆沤或烧毁，并深翻地。②育苗区要与生产区隔离一定距离，培育无螨苗。③合理施用氮肥、适量增施磷肥，适时适量浇水，防干旱。④注意防治保护地内螨害。

(4)补救措施　在螨害初发生时，用 10%浏阳霉素乳油 1 000～1 500 倍液，或 73%炔螨特乳油 1 000～3 000 倍液，或 20%双甲脒乳油 1 000～2 000 倍液，或 5%噻螨酮乳油 1 500～2 000 倍液，或 50%苯丁锡可湿性粉剂 1 500～2 000 倍液，往受害部位喷雾。

157. 有哪些螨类可为害蔬菜地下部分？怎样防治？

可为害蔬菜地下部分的螨类有刺足根螨和腐嗜酪螨。

(1)识别要点 ①刺足根螨：又称为罗宾根螨、球根粉螨、葱螨。成螨体长0.6～0.9毫米，体色为乳白色、有光泽。②腐嗜酪螨：成螨体长0.5～0.7毫米、宽0.28毫米左右，体为白色。

(2)为害特点 ①刺足根螨：主要为害葱蒜类、百合、马铃薯、芋等蔬菜及花卉。受害的地下茎或球茎呈黑褐色而腐败，并逐渐向四周及内部组织深处蔓延，使地上部叶片细小、发黄，生长缓慢，甚至枯死。大葱受害先是幼苗叶部枯萎，出现脱色症状，严重的葱白组织受损，无光泽，折断；大蒜鳞茎受害，组织腐烂发臭，茎叶枯萎死亡，贮藏期受害，使鳞茎腐烂或空壳；百合等鳞茎受害，产生褐色小斑，地上部黄枯；有些蔬菜或花卉的球茎受害，发芽后叶片带有紫色，逐渐干枯。应注意与病害区别。分布在黑龙江、吉林、辽宁、江苏、上海、浙江、福建、四川、陕西等地。适宜生存条件为气温23℃～28℃、空气相对湿度60%～80%。喜在砂壤中为害，酸性土受害重。②腐嗜酪螨：主要为害贮藏期大蒜，受害蒜头出现空洞或缺刻，(干燥时)失水枯黄、形成空壳，(潮湿时)腐烂变臭。

(3)预防措施 ①前茬作物拉秧后，全面清除田间的残枝落叶及杂草，堆沤或烧毁，并深翻地。与瓜类、豆类轮作。②对酸性土壤，每667平方米施入消石灰80～100千克，适量增施腐熟有机肥。③块根类可在阳光下暴晒，留种球根(茎)用50%辛硫磷乳油1000倍液浸渍15分钟后晾干再播种。

(4)补救措施 ①在根螨初发生时，用50%辛硫磷乳油1000倍液浇灌。②对贮藏期螨害，按每立方米空间用100克硫磺与少量干锯末拌匀，放在小瓦盆内，置于贮藏室内，点燃后密闭门窗熏蒸24小时，待螨卵孵化后再熏蒸1次。

158. 怎样防治韭菜迟眼蕈蚊？

(1)识别要点 韭菜迟眼蕈蚊又称为黄脚蕈蚊。成虫为体长2～5.5毫米的黑褐色小蚊子，前翅近透明状。幼虫称为韭蛆，头部漆黑有光泽,虫体白色细长,为6～9毫米。

(2)为害特点 主要以幼虫为害韭菜、葱头、大蒜等,韭菜受害较重。初孵幼虫先为害韭菜叶鞘基部和鳞茎的上端,春、秋两季主要为害韭菜的幼茎引起腐烂,使韭叶枯黄而死。夏季幼虫向下活动蛀入鳞茎,重者鳞茎腐烂,整墩韭菜死亡。在华北地区,在露地每年发生3～6代。土温为13℃～28℃、土壤含水量为15%～24%(3～4厘米土层)适宜生存。

(3)预防措施 ①因地制宜进行冬灌或春灌。②精选种株,并用50%辛硫磷乳油1 000倍液浸根后栽苗。③在成虫盛发期的上午9～10时,用2.5%溴氰菊酯乳油3 000倍液,或20%氰戊菊酯乳油3 000倍液,或50%辛硫磷乳油1 000倍液,喷淋植株根茎部及附近土表。④要注意防治韭菜地周围的葱蒜类、莴苣等蔬菜地内的韭菜迟眼蕈蚊。

(4)补救措施 ①在韭蛆低龄幼虫时或初发现韭菜叶尖开始发黄变软时施药。用75%灭蝇胺可湿性粉剂2 000倍液,在韭菜收割后1天,顺垄浇(喷)灌,每667平方米用药液200～300升;每667平方米用5%氟啶脲乳油100～200毫升,对水150升,在韭菜一侧开沟,顺沟浇(喷)灌;用0.3%苦参碱水剂500～1 000倍液,在韭菜收割后10天内,顺垄浇(喷)灌;每667平方米可用1%阿维菌素类乳油150毫升,适量对水后,在韭菜地浇水时,在畦口将药液均匀滴入水中,随水浇灌。在施药时,韭菜地要保持一定的湿度(需要时可先浇1次水)。

(5)注意事项 葱须鳞蛾又称为韭菜蛾、葱小蛾、苏邻菜蛾、截虫等,为害葱蒜类蔬菜,以韭菜为重。成虫为一种小型蛾子,体长4～4.5毫米,体黑褐色。老熟幼虫体长8～8.5毫米,头浅褐色,体黄绿色至绿色。以幼虫为害。为害韭菜时,初在韭叶中上部啃食,造成虫道,向下蛀入假茎内为害,叶腋处常有绿色虫粪;为害葱时,初在葱叶面上啃食,后蛀入叶筒内啃食叶肉、仅留下一层透明的外表皮，受害叶筒内有绿色虫粪。该虫主要在北方发生，6～9月份为发生期，可喷药防治，用药可参照韭菜迟眼蕈蚊的防治。

159. 怎样防治地蛆类害虫？

(1)识别要点 地蛆是几种小型蝇类的幼虫。老熟幼虫体长7～10毫米，乳白色中略带黄色，为蛆状，即头部极小、尾部大呈钝圆状；成虫体长3～7毫米，有灰色、灰黄色、黄褐色、暗褐色等，有双翅，可飞。

(2)为害特点 在蔬菜上造成危害的地蛆有以下几种。①灰地种蝇：又称为灰种蝇、种蝇、地蛆、种蛆、菜蛆、根蛆，可为害十字花科、葱蒜类、豆类、瓜类等蔬菜。以幼虫在土中咬食菜种和幼芽，致使不能出苗、或幼芽畸形、或幼芽枯死。在留种菜株上为害根部，引起根茎腐烂或整株枯死。在全国分布，由北往南每年发生2～6代，以春、秋两季为害较重。成虫（蝇子）在晴天中午前后最活跃，喜欢未腐熟粪肥和发酵饼肥的气味及葱蒜味。②萝卜地种蝇：又称为萝卜种蝇、萝卜蝇、白菜蛆、菜蛆、根蛆，为害十字花科蔬菜，以幼虫蛀食菜株根部及菜帮，轻者菜株生长受阻，重者可蛀心为害，造成的伤口易染软腐病。分布在北方地区，每年发生1代，秋季为害。成虫（蝇子）在早晨和傍晚及阴天最活跃，喜欢未腐熟粪肥和糖醋气味。③毛尾地种蝇：又称为小萝卜蝇、菜蛆、根蛆，为害十字花科蔬菜，以幼虫蛀食菜株根茎结合部，造成伤口，引发软腐病。分布在黑龙江、内蒙古、青海等地，每年发生3代，以春、秋两季为害较重。④葱地种蝇：又称为葱蝇、葱蛆、蒜蛆，主要为害大葱、小葱、大蒜、青蒜、韭菜等，以幼虫蛀食鳞茎，引起腐烂、叶片枯黄、萎蔫，甚至成片死亡。在全国分布，在华北地区年发生2～4代。成虫习性同灰地种蝇。

(3)预防措施 ①瓜类、豆类、茄果类种子需浸种催芽后播种；选栽健壮蒜种，并剥去蒜皮；或用40%二嗪磷粉剂拌种，用药量为种子重量的0.3%。②入冬前深耕晒垡，适当提前春耕。③使用充分腐熟的粪肥作基肥，施肥后即深翻入土。堆在田间的粪堆，其表面要用土覆盖严密。播种时，种、粪要隔开。④每667平方米，用2%二嗪磷颗粒剂1.25千克或5%辛硫磷颗粒剂1～1.5千克，与20～30千克细土拌匀制成毒土，撒施在基肥上或播种沟、定植穴内。⑤适期（如：蒜在烂母前，或成虫产卵期）浇大水，但蔬菜蹲苗期不能浇大水。⑥用糖1份、醋1份、水2.5份，加少量敌百虫拌匀，配成糖醋毒液；用带有盖的蓝色大碗或小塑料盆，先放少量锯末，再加入糖醋毒液，在成虫活动期每667平方米放10～15个碗，日揭夜盖，每日检查诱杀成虫数量，并注意添补糖醋毒液。当成虫数量突增时，即为盛发期，即喷药防治。

(4)补救措施 ①用80%敌敌畏乳油1500倍液，或90%敌百虫原药800～1000倍液，或2.5%溴氰菊酯乳油3000倍液，或10%溴氰·马拉松乳油2000倍液，或20%氰戊·马拉松乳油3000倍液喷雾防治成虫，根茎部及附近地表是重点喷药区；或用2.5%敌百虫粉剂1份，与细砂20份拌匀，制成毒砂，将毒砂撒在菜根周围的土表，每667平方米用毒砂100～150千克。②初见幼虫时，用90%敌百虫原药800～1000倍液，或40%乐果乳油1000～2000倍液，或50%辛硫磷乳油1000倍液，或25%喹硫磷乳油1200倍液灌根。③发生蛆害地，宜追施化肥。

160. 怎样防治潜叶蝇类害虫？

(1)识别要点 钻蛀蔬菜叶片的蝇类害虫，其成虫大部分是小型蝇子，体长2～3毫米，头部为黄白色或黄色，体为灰黑色或黑色或亮黑色，有双翅，能飞；老熟幼虫体长2.5～3毫米，为黄白色或鲜黄色或黄褐色，蛆状。

(2)为害特点 主要以幼虫在叶片组织中刮食叶肉，形成迂回曲折的隧道式虫道，仅留上下表皮，严重时全叶枯萎。幼虫还可刮食嫩荚和花梗，成虫可刺伤叶片。①美洲斑潜蝇：又称为蔬菜斑潜蝇、蛇形斑潜蝇、甘蓝斑潜蝇等，主要为害瓜类、豆类、茄果类、十字花科、马铃薯、茼蒿、芹菜、莴笋、莴苣等80余种蔬菜。在气温22℃～27℃、空气相对湿度为60%～80%时，适宜该虫发生。成虫喜橙黄色。全国分布，4～10月份为发生期。②南美斑潜蝇：主要为害绿叶菜、瓜类、豆类、茄果类、芥菜、白菜、马铃薯等蔬菜，嗜食芹菜、莴笋、豌豆等。在气温20℃～24℃时，适宜该虫发生。成虫喜黄色。分布在云南、贵州、四川、青海、新疆、山东、河北、北京、山西等地，3～11月份为发生期。③番茄斑潜蝇：又称为瓜斑潜蝇，主要为害茄果类、瓜类、豆类、十字花科等蔬菜，嗜食番茄、瓜类、莴苣等。在月均气温25℃～27℃，少雨，适宜该虫发生。在北京、江苏、河南、新疆等地有分布。在北京3～10月份为发生期，5月中旬至7月初和9月上中旬至10月中旬为2个发生高峰期。④葱斑潜蝇：又称为葱潜叶蝇、韭菜潜叶蝇，主要为害葱、洋葱、韭菜等蔬菜。在东北、华北、西北、华南等地区发生，每年发生3～7代，4～10月份为发生期。⑤豌豆彩潜蝇：又称为豌豆潜叶蝇、豌豆植潜蝇、油菜潜叶蝇等，主要为害豆类、茄果类、十字花科、瓜类、茼蒿、莴苣、芹菜、芫荽、马铃薯等蔬菜，嗜食豌豆、茼蒿、莴苣、油菜、花椰菜等。全国分布。辽宁省每年发生4～5代，广东省可周年发生。

(3)预防措施 ①在入冬前、或早春、或前茬作物拉秧后，全面清除田间的残枝落叶及杂草，堆沤或烧毁，并深翻地。②用地膜覆盖(小)高畦畦面，以防老熟幼虫钻入土内化蛹。③采用黄板诱杀斑潜蝇成虫(蝇子)，方法参照蚜虫的防治。④注意防治保护地内潜叶蝇类害虫。

(4)补救措施 ①当叶片上初见幼虫钻蛀的虫道时，用98%杀螟丹原粉1 000～1 500倍液，或1.8%阿维菌素乳油2 000～2 500倍液，或10%除虫脲悬浮剂3 000倍液，或48%毒死蜱乳油

1 000 倍液，或 20%氰戊菊酯乳油 1 500 倍液，或 75%灭蝇胺可湿性粉剂 5 000～6 000 倍液，或 40%阿维·敌敌畏乳油 1 000～1 500 倍液，或 6%烟碱·百部碱·印楝素乳油 500～1 000 倍液，全株喷药，叶背也要喷到。②在老熟幼虫落土化蛹前或成虫羽化前，用 5%S-氰戊菊酯(来福灵)乳油 1 份、水 7 份和细土 300 份，先将 S-氰戊菊酯与水混匀，再喷于细土上，拌匀后制成毒土，在清晨将毒土撒于地表，每 667 平方米用毒土 60～70 千克。③及时摘除虫害重的叶片，以防老熟幼虫落土化蛹或成虫羽化。有虫害的拉秧蔬菜，要及早清除，均带到田外深埋或烧毁。

161. 怎样防治瓜类蔬菜的蛆害?

(1)识别要点 钻蛀瓜类果实的蝇类害虫，主要有以下 3 种。①瓜实蝇：又称为黄瓜实蝇、瓜小实蝇、瓜大实蝇、瓜寡鬃实蝇、针蜂、瓜蛆等。成虫体长 8 毫米，黄褐色，有双翅，能飞；老熟幼虫体长 10 毫米，乳白色蛆状。②显尾瓜实蝇：又称为胡瓜实蝇、显纹瓜实蝇、瓜蜂、瓜蛆。成虫体长 9.7 毫米，黄褐色，有双翅，能飞；老熟幼虫体长 11 毫米，浅黄色。③南亚寡鬃实蝇：又称为南瓜实蝇、黄蜂子、蹦蹦虫等。成虫体长 9～13 毫米，黄褐色，有双翅，能飞；老熟幼虫体长 10～11 毫米，发黄色，前尖后圆。

(2)为害特点 成虫在嫩瓜表皮内产卵，造成伤痕，其附近组织变褐，或渗出胶液，引起腐烂或畸形下陷，瓜皮硬实，瓜肉苦涩，果实发育受阻；幼虫蛀食果肉，先使瓜局部变黄，终使全瓜腐烂、脱落，老熟幼虫离烂果弹跳到地面，钻入 2～4 厘米深的表土层化蛹。①瓜实蝇主要为害瓜类、番茄、菜豆、豇豆、豌豆等蔬菜。成虫白天早晚活动，喜食花蜜、香甜物质(如糖、酒、醋)。主要分布在南方地区，以 5～7 月份、9～10 月份为害最重。①显尾瓜实蝇主要为害瓜类蔬菜，喜食香甜物质，每年发生约 8 代。③南亚寡鬃实蝇主要为害瓜类、番茄等蔬菜。主要分布在广东、广西、福建、海南、湖北、四川、云南、江西、山西等地。山西省在5～6月份，重庆市在4～5月份、6～7月份、8～9月份，为发生高峰期。

(3)预防措施 ①合理安排蔬菜作物的布局与茬口。②在幼瓜花刚萎蔫时，用（蜡光）纸袋套住幼瓜。③诱杀成虫（蝇子）。用香蕉皮或菠萝皮（或用南瓜、番薯煮熟发酵后物）40份、90%敌百虫原药0.5份、食用香精1份、糖1份，加适量水调制成糊状毒饵，每个容器内装入毒饵20～30克，在早上7时左右，将装有毒饵的容器挂在瓜棚架合适高度上，诱杀瓜实蝇。每667平方米挂20个毒饵容器。或在发生高峰期，用瓜实蝇性诱剂，诱杀瓜实蝇雄成虫。用糖1份、10%醚菊酯（多来宝）悬浮剂1份，加适量水调制成毒饵，将毒饵滴在厚吸水纸上，挂在瓜棚架上，诱杀显尾瓜实蝇，每667平方米挂20个毒饵纸条。或用盆装0.1%水解蛋白，再加入0.1%敌百虫，将盆放在田间，诱杀南亚寡鬃实蝇。每667平方米安放5个诱杀盆。以上均需定期补充诱杀毒饵。

(4)补救措施 ①在成虫盛发期，选中午或天黑前喷药。药物用4%鱼藤酮乳油600倍液，或50%杀螟丹可溶粉剂2000倍液，或20%氰戊菊酯乳油3000倍液，或2.5%溴氰菊酯乳油2000～3000倍液，或10%醚菊酯悬浮剂800～1000倍液，或50%马拉硫磷乳油1000～2000倍液，或50%敌敌畏乳油1000倍液，或50%辛硫磷乳油1500倍液，或80%敌百虫可溶粉剂800倍液，或21%氰戊·马拉松（增效）乳油6000倍液，或50%灭蝇胺可湿性粉剂5000倍液。可在药液中加少许糖。②及时清除虫害瓜和收集落地瓜，收获后及时拔除残株，均集中深埋或烧毁。如瓜已腐烂脱落，应在烂瓜附近的土面上喷洒上述杀虫剂。

162. 怎样防治棉铃虫？

(1)识别要点 该虫又称为番茄实夜蛾、番茄蛀虫、钻心虫等。成虫体长14～18毫米，有4翅，翅展30～38毫米，雌成虫红褐色，雄成虫灰绿色；老熟幼虫体长30～42毫米，头部黄褐色，体色有淡绿色、淡红色、红褐色、黑褐色；卵约0.5毫米，半球形，乳白色。

(2)为害特点 ①该虫为害番茄、茄子、甘蓝、白菜、南瓜等蔬菜，成虫(蛾子)不为害，但成虫将95%的卵散产在番茄植株顶尖至第四层复叶间的嫩叶、嫩梢、果萼等处(成虫也喜欢在玉米喇叭口处栖息和产卵)，幼虫蛀食花蕾、花和果实，也可为害嫩茎、叶和幼芽，3龄幼虫则蛀入果内为害，从蒂部蛀食果实，咬食部分果肉后又可爬行到另一果实为害。花蕾受害，2～3天后脱落；幼果受害，常被咬食空而腐烂；成果受害，由于幼虫蛀入果内咬食果肉，也会引起腐烂，虫果易脱落。②气温25℃～28℃、空气相对湿度70%～90%为其适宜生存条件，每年在东北、华北及西北地区发生3～4代，在华南地区发生5～6代。在华北地区的6～7月份，是二代棉铃虫的为害期。

(3)预防措施 ①入冬前翻耕土地，浇水淹地。②在田边(内)种植早熟玉米作为诱集带，清晨专人捕杀成虫和喷药灭幼虫。③将10枝长60～70厘米的杨树枝捆成一把，竖在番茄地内，高于番茄植株，每天清晨用塑料袋套住杨树枝把，再抖动杨树枝把，捕杀蛾子，并计数，每667平方米用10把杨树枝，每隔10天换1次杨树枝把；或用棉铃虫性诱剂诱蛾。④结合整枝，摘除带虫卵的枝叶，并深埋。⑤适期喷药。当诱捕到的蛾子数量突然增多时，表明已进入发蛾盛期，再过3～5天，就是产卵盛期，开始喷药；或当春露地番茄的第一穗果有核桃大时，可开始喷药。

(4)补救措施 ①在产卵盛期过后3～4天和6～8天时，各喷1次苏云金杆菌水乳剂(100亿个孢子/毫升)200～300倍液。②用50%辛硫磷乳油1000倍液，或25%增效喹硫磷乳油1000倍液，或2.5%氯氟氰菊酯乳油5000倍液，或2.5%联苯菊酯乳油3000倍液，或2.5%高效氟氯氰菊酯(保得)乳油2000倍液，或4.5%高效氯氰菊酯乳油3000～3500倍液，或21%氰戊·马拉松

(增效)乳油 6 000 倍液喷洒。一般在早、晚无露水时喷药，番茄植株顶部的嫩叶和果实等部位是重点喷药区。③发现虫蛀果即摘下，带到田外深埋。

(5)注意事项 ①烟青虫又称烟夜蛾、烟实夜蛾、烟草夜蛾。该虫(成虫和幼虫)的形态与棉铃虫相似，主要为害甜椒(又称为青椒、灯笼椒、柿椒、大椒、辣椒等)、番茄、南瓜、蚕豆、豌豆、烟草等，甜椒受害重(也可为害尖椒)。以幼虫蛀食蕾、花、果，也咬食嫩茎、叶和芽，果实被蛀造成腐烂而大量落果。全国均有发生。各地每年发生代数为：东北和华北地区 2 代，黄淮地区 3～4 代，西南和华南地区 4～6 代，广东省 7～8 代。②预防措施和补救措施可参照棉铃虫的防治。

163. 茄黄斑螟发生后该怎么办?

(1)识别要点 该虫又称为茄螟、茄白翅野螟。成虫体长 6.5～10 毫米，有 4 翅，翅展 18～32 毫米，体、翅均为白色，前翅有 4 个明显的大黄斑；幼虫体长 15～18 毫米，低龄为黄白色，老熟时多呈粉红色；卵乳白色至灰黑色，似水饺状，脊上有锯齿状物 2～5 个。

(2)为害特点 ①该虫为害茄子、马铃薯、豆类等蔬菜，成虫(蛾子)不为害，但成虫将卵产在植株的幼嫩处，幼虫蛀食茄子果实、嫩茎及花器，引起枝梢枯萎、落花、落果及果实腐烂，并多次转移为害。②气温 20℃～28℃、空气相对湿度 80%～90%为其适宜生存条件。分布在长江以南的华中、华南和西南等地区，在武汉 1 年发生 5～6 代，7～9 月份是其为害盛期。

(3)预防措施 ①及时剪除受害植株的嫩梢及茄果，并深埋。②采用性诱剂、黑光灯、频振式杀虫灯等，诱杀成虫。

(4)补救措施 ①在卵孵盛期至幼虫 3 龄期前的上午，用 2.5%高效氟氯氰菊酯乳油 2 000～4 000 倍液，或 2.5%联苯菊酯乳油 2 000～4 000 倍液，或 50%敌敌畏乳油 1 000 倍液，或 50%乐果乳油 1 000 倍液，或 5%氟虫腈悬浮剂 1 000 倍液，或 2.5%多杀霉素悬浮剂 1 000 倍液喷雾，重点喷洒植株上部。②收获后，及早烧毁茄秆，并深翻地。

164. 怎样防治瓜绢螟？

(1)识别要点 该虫又称为瓜螟、瓜野螟。成虫体长 11 毫米，头、胸黑色，腹部白色，但第一、七、八节黑色，有 4 翅，翅展 25 毫米，前、后翅白色透明略带紫色，其边缘呈淡黑色；卵扁平，椭圆形，淡黄色；老熟幼虫体长 23～26 毫米，头部、前胸背板淡褐色，胸腹部草绿色。

(2)为害特点 ①该虫为害瓜类、番茄、茄子、马铃薯等蔬菜，成虫（蛾子）不为害，但成虫将卵产在叶背处，低龄幼虫在叶背啃食叶肉，呈灰白色透明斑，3 龄后吐丝将叶或嫩梢缀合，居其中取食，使叶片穿孔或缺刻，严重时仅留叶脉，幼虫常蛀入瓜内和瓜蔓内为害。②主要分布在长江以南，1 年发生 5～6 代，7～9 月份为幼虫盛发期。

(3)预防措施 ①入冬前，深耕晒垡。②在瓜绢螟发生前，采用防虫网覆盖蔬菜。

(4)补救措施 ①及时摘除有虫的卷叶，集中深埋；或将摘下的卷叶放入天敌保护器中，使寄生蜂等天敌飞回大自然，但害虫留在保护器中。②在幼虫盛发期，用 50%乐果乳油 1 000 倍液，或 50%辛硫磷乳油 1 500 倍液，或 50%马拉硫磷乳油 1 000 倍液，或 25%杀虫双水剂 500 倍液，或 20%氰戊菊酯乳油 2 000 倍液，或 5%高效氯氰菊酯乳油 1 000 倍液，或 10%虫螨腈悬浮剂 1 500 倍液，或 21%氰戊·马拉松（增效）乳油 6 000 倍液，或 52.25%氯氰·毒死蜱（农地乐）乳油 800～1 000 倍液喷雾，注意往叶背喷药。③瓜果收获后，及时清理田间枯藤、落叶，集中烧毁。

165. 怎样防治蛀食豆荚的害虫?

(1)识别要点 蛀食豆荚的害虫主要有豇豆荚螟和豆荚斑螟。①豇豆荚螟:又称为豇豆螟、豇豆蛀野螟、豆荚野螟、豆野螟、豆荚螟、豆螟蛾、豆卷叶螟、大豆卷叶螟、大豆螟蛾、豆角钻心虫等。成虫体长约13毫米,有4翅,翅展24～26毫米,暗黄褐色,前翅中央有2个白色透明斑,各斑周缘黑褐色,后翅大半部白色半透明。老熟幼虫体长13～22毫米,头部褐色,体黄绿色、淡黄色至红褐色。②豆荚斑螟:又称为豆荚螟、豇豆荚螟、大豆荚螟、豆蛀虫、豆荚蛀虫、洋槐螟蛾、槐螟蛾等。成虫体长10～12毫米,有4翅,翅展20～24毫米,头、前翅褐黄色,前翅狭长,前缘有一条白色纵带,后翅黄白色。老熟幼虫体长14～18毫米,背面紫红色,腹面绿色。

(2)为害特点 成虫不为害,幼虫为害豆叶、花及豆荚,常卷叶为害或蛀入荚内取食幼嫩的种粒,荚内及蛀孔外堆积粪粒。受害豆荚味苦,不堪食用。①豇豆荚螟:主要为害豆类蔬菜,其蛀孔较大,孔口绿色,蛀孔外有腐烂状的绿色虫粪。气温28℃、空气相对湿度80%～85%为其适宜生存条件,从东北地区到云南省均有分布,每年在华北地区发生3～4代、华中地区发生4～5代、华南地区发生7代,6～10月份是为害期。②豆荚斑螟:主要为害豆类蔬菜,其蛀孔较小,孔口黑色,蛀孔内外有黄褐色虫粪。在高温干旱的情况下发生严重。全国各地(西藏未见报道)均有分布,广东省每年发生7代,4～11月份是为害期。

(3)预防措施 ①避免与豆类作物(绿肥)连作或邻作,可水旱轮作,适当调整播种。②适时在冬、春季进行灌溉,在开花期浇水1～2次(可灭豇豆荚螟)。③采用黑光灯诱杀成虫。

(4)补救措施 ①在成虫盛发期和卵孵化盛期,用25%灭幼脲悬浮剂1500倍液,或5%氟虫腈悬浮剂2500倍液,或10%虫螨腈悬浮剂1500倍液,或2.5%溴氰菊酯乳油2000倍液,20%氰戊菊酯乳油 2000 倍液，或 50%辛硫磷乳油 1000 倍液，或 20%三唑磷乳油 700 倍液，或 2%阿维菌素乳油 2000 倍液，或 21%氰戊・马拉松(增效)乳油 6000 倍液喷雾，可在早晚重点喷花、荚等部位。②老熟幼虫入土前，田间湿度大时，每 667 平方米用白僵菌粉剂 1.5 千克与细土 4.5 千克混匀撒施。③及时清除田间落花、落荚，并摘除受害的卷叶和豆荚，收获后的残株，均深埋或烧毁，并深翻地。

166. 怎样防治蛀食十字花科蔬菜的害虫？

(1)识别要点 蛀食十字花科蔬菜的害虫主要有菜螟和大菜螟。①菜螟：又称为菜心野螟、萝卜螟、甘蓝螟、白菜螟、灰斑野螟、卷心菜螟、菜剜心野螟、吃心虫、钻心虫、剜心虫、雾水虫等 成虫体长 7 毫米左右，有 4 翅，翅展 15～20 毫米，体灰褐色或黄色，前翅具有 3 条白色横波纹，翅中有一个黑色肾形纹，后翅灰白色。老熟幼虫体长 12～14 毫米，头部黑色，胸、腹部浅绿色。②大菜螟：又称为油菜大菜螟。成虫体黄绿色，前翅中央外方具 2 个白色斑点，后翅黄白色。幼虫绿色。

(2)为害特点 ①菜螟：主要为害白菜类、甘蓝类、芥菜类和萝卜等十字花科蔬菜及菠菜，但成虫不为害。初孵幼虫潜食叶肉，2 龄后穿出叶面爬向心叶，吐丝缀合心叶在内取食，心叶枯死，使植株死亡；4～5 龄幼虫由心叶或叶柄蛀入茎髓或根部，蛀孔外缀有细丝及虫粪，受害菜株不能结球，或枯死或感染软腐病。气温 24℃～31℃、空气相对湿度 50%～67%时，为其适宜生存条件。在国内分布较广，南方发生较重，自北向南每年发生 2～9 代，以 7～10 月份为害最重。②大菜螟：只为害十字花科蔬菜，但成虫不为害。幼虫群栖为害靠近地面的老叶，使受害叶呈网状，甘蓝结球时，幼虫蛀入叶球内为害，虫粪与虫丝连结污染叶球，还可蛀入种荚为害。主要分布在福建、海南等省，9～11 月份为害最重。

(3)预防措施 ①春季适期翻地灭蛹,合理安排蔬菜品种。②调节播期,使幼苗的2～4叶期避开幼虫盛发期。③结合间、定苗,拔除菜心受害苗或有丝缠住苗,深埋。④适当灌水,增大田间湿度。广州市菜农的经验是在早晨露水未干时泼水淋菜,可减少菜螟为害。

(4)补救措施 ①在幼虫初孵期至蛀心前(或心叶有丝网时),用21%氰戊·马拉松(增效)乳油5 000～6 000倍液,或2.5%氯氟氰菊酯乳油4 000倍液,或20%氰戊菊酯乳油2 000～4 000倍液,或50%辛硫磷乳油1 500倍液,或80%敌敌畏乳油1 000倍液,或50%杀螟丹可湿性粉剂1 500倍液,或5%氟啶脲乳油4 000倍液,或25%灭幼脲悬浮剂500～1 000倍液喷雾。②收获后,及时清除残株落叶深埋,深翻地。

167. 怎样防治蛀食荸荠的害虫?

(1)识别要点 蛀食荸荠的害虫主要有荸荠白禾螟和黄色白禾螟。①荸荠白禾螟:又称为纹白螟、野白螟、白螟等。成虫体长20～40毫米,雄虫翅展23～26毫米,雌虫翅展42～46毫米,有4翅,全体白色。老熟幼虫体长15～20毫米,圆筒形,黄白色略带灰色。②黄色白禾螟:成虫与荸荠白禾螟成虫的外形相似。老熟幼虫体长20～25毫米,头、胸褐色,体白色至灰褐色。

(2)为害特点 ①荸荠白禾螟:幼虫蛀食荸荠茎秆,受害株初茎尖部褪绿枯萎,自上向下逐渐变红转黄,茎秆变褐腐烂,后全株枯死,重者全田枯死(红死)。分蘖分株期受害,主茎分蘖减少;结球期受害,茎秆枯死,影响球茎膨大。从黑龙江省到长江流域以及两广地区均有发生。长江流域每年发生4代,6月上旬出现第一代幼虫,以第二代幼虫和第三代幼虫为害最重(出现时间与气温有关,气温高则出现早),早栽田和生长嫩绿田受害重。②黄色白禾螟:幼虫在荸荠茎秆基部蛀孔或钻蛀形成小虫道,受害株初顶部由绿变黄,数天后茎秆自上向下逐渐变为橘黄色枯死。分布在上海、江苏、安徽、浙江、湖南、福建等地。江苏省1年发生4代,发生期与荸荠白禾螟相似,7～9月份是第二代幼虫和第三代幼虫的为害期。

(3)预防措施 ①在3月上旬前,全面清理田间残留荸荠秆及地边杂草,烧毁。②在4月上旬至5月上旬,全面清理田间遗留球茎抽生的荸荠秆,烧毁。③因地制宜地调节栽植期,广西以5月下旬移栽、江浙以7月中下旬移栽为宜。④在化蛹期适时适度深灌。

(4)补救措施 ①在荸荠白禾螟第二代幼虫和第三代幼虫卵块盛孵期(以当地预测预报为准),用2.5%氯氟氰菊酯乳油1000～1500倍液,或5%高效氯氰菊酯乳油1000倍液,或20%甲氰菊酯乳油1000倍液,或48%毒死蜱乳油1000倍液,或52.25%氯氰·毒死蜱(农地乐)乳油1500倍液喷雾。②若已有部分荸荠白禾螟幼虫蛀入茎秆内,用48%毒死蜱乳油1000倍液,或18%杀虫双水剂400倍液,或80%杀虫单可湿性粉剂800倍液,或90%杀螟丹可溶粉剂1000倍液喷雾或泼浇。③在第二代幼虫和第三代幼虫卵块盛孵期(以当地的预测预报为准),用40%乙酰甲胺磷乳油1000～1500倍液,或50%辛硫磷乳油1500倍液,或50%杀螟硫磷乳油1000倍液喷雾,防治黄色白禾螟幼虫。

168. 怎样防治蛀食茭白的害虫?

(1)识别要点 蛀食茭白的害虫有二化螟和稻蛀茎夜蛾。①二化螟:又称为钻心虫、蛀心虫、茭白大螟等。成虫体长12～15毫米,黄褐色,雄虫翅展20毫米、雌虫翅展25～28毫米,有4翅,前翅近长方形,灰黄褐色,翅上可见到排列成四角形的4个小黑点。老熟幼虫粗壮、肥大,体长27毫米,淡褐色或灰褐色或褐色。②稻蛀茎夜蛾:又称为大螟、紫螟。成虫体长13～15毫米,翅展24～30毫米,头、胸部浅黄褐色,腹部浅黄色至灰白色。老熟体长 20～30 毫米，头红褐色至暗褐色，体背淡紫色或微带橙红色。

(2)为害特点 ①二化螟：主要为害茭白、慈姑、生姜、水稻、蚕豆、油菜等。以幼虫蛀食茎和心叶，造成枯心苗与枯茎，在茭白结茭期还可蛀入肉质茎，造成枯茎和虫蛀茭。在江苏、浙江、福建、安徽、四川、贵州等省 1 年发生 2～4 代，海南省 1 年发生 5 代，可在茭白和水稻之间辗转为害。②稻蛀茎夜蛾：主要为害茭白、水稻等。幼虫蛀茎及咬食心叶，造成枯茎、枯心苗等。在江苏、浙江等省 1 年发生 3～4 代。

(3)预防措施 ①茭白采收后，即火烧茭墩和枯叶残株。在冬季或早春，齐泥割掉茭白残株。及早铲除田埂、田边杂草，均烧毁。②在幼虫化蛹前，排干田水，降低幼虫化蛹位置，在化蛹高峰期灌深 10～15 厘米水杀蛹，过 3～5 天后排水。③做好当地的预测预报工作。④注意防治水稻田等处的二化螟和稻蛀茎夜蛾。

(4)补救措施 在幼虫孵化高峰期，重点喷茭白田四周的 3 行植株。①用 50%杀螟硫磷乳油 1 000 倍液，或 90%敌百虫原药 1 000 倍液，或 20%氰戊菊酯乳油 2 000～3 000 倍液喷施。②用 50%杀螟硫磷乳油，或 90%敌百虫原药(1 500～2 250 毫升/公顷)，或 20%氰戊菊酯乳油(750 毫升/公顷)，对水 400 升泼浇。③每667 平方米用 5%氟虫腈悬浮剂 40 毫升，对水 50 升均匀喷雾，持效期长达 25 天，1 代只用 1 次药。

169. 怎样防治地老虎类害虫?

(1)识别要点 为害蔬菜的地老虎类害虫有小地老虎、大地老虎和黄地老虎。①小地老虎：又称为土蚕、地蚕、黑土蚕、黑地蚕、截虫、黑虫、切根虫等。成虫体长 16～23 毫米，翅展 42～54 毫米，有 4 翅，深褐色，由两条横线将前翅分为 3 段、有斑纹，后翅灰色无斑纹。老熟幼虫体长 37～47 毫米，灰黑色，体表布满大小不等的颗粒，臀板黄褐色，具 2 条深褐色纵带。②大地老虎：又称为黑虫、地蚕、土蚕、切根虫、截虫等。成虫体长 20～25 毫米，翅展 42～52 毫米，有 4 翅，头、胸部灰棕色。老熟幼虫体长 41～60 毫米，黄褐色，体表多皱纹、颗粒不明显，臀板全部深褐色。③黄地老虎：又称为芜菁地老虎。成虫体长 14～19 毫米，翅展 32～43 毫米，有 4 翅，全体黄褐色。老熟幼虫体长 33～43 毫米，体黄褐色，体表多皱纹、颗粒不明显，臀板中央有 2 条黄色纵纹。

(2)为害特点 ①小地老虎：主要为害茄果类、瓜类、豆类、十字花科、芦笋、马铃薯等蔬菜，及玉米、高粱、棉花、烟草、麻类等作物。成虫不为害，夜间出来活动，有较强的趋光性，喜食糖醋等酸甜味汁液，喜在小旋花、小蓟、藜、猪毛菜等 5 厘米以下矮小杂草上产卵，尤其是贴近地面的叶背或嫩茎上。幼虫咬食为害，以天刚亮、露水多时为害最凶。3 龄前幼虫昼夜咬食植株地上部分的心叶及幼嫩部位，将叶片咬食成小孔状或缺刻状；3 龄后幼虫白天潜伏在表土层中，夜间到地面上为害，从幼苗茎基部咬断、或咬食嫩茎叶、或将咬断的嫩茎叶拖到穴内取食，常造成缺苗断垄，还能钻入甘蓝、大白菜等的叶球内或茄子、辣椒等果实内为害。土质疏松、团粒结构好、保水性强的壤土、黏壤土、砂壤土等地，沿河低洼地，位于河流湖泊地，上年被大水淹过的地，潮湿多草地，蜜源植物多的地，耕作粗放地等，易受小地老虎为害。全国均有分布。每年发生代数：黑龙江 2 代，内蒙古、辽宁 2～3 代，华北 3～4 代，华东 4 代，西南 4～5 代，广西 6 代，绝大多数地区均以第一代幼虫为害严重，一般为害期在 3 月中旬至 7 月上旬。气温 13℃～25℃适宜生存。若早春气温偏高、在第一代卵孵化盛期和 1～2 龄幼虫盛期降雨少时，幼虫的存活率就高，为害就重。②大地老虎：在我国分布较普遍，主要发生在长江下游沿岸地区，一年发生 1 代，每年 4～5 月份与小地老虎同时发生，余同小地老虎。③黄地老虎：分布也相当普遍，主要发生在雨量较少的北方地区。每年发生代数：黑龙江、辽宁、内蒙古和新疆北部 2 代，甘肃河西地区 2～3 代，新疆南部3代，陕西3代，以春、秋两季为害较重，余同小地老虎。

(3)预防措施 ①秋翻地晒土及冬灌，或春耕耙地。可适当调整播种期。②在早春和夏季，及早铲除田间及地边的杂草；若在1～2龄幼虫盛期，可先往杂草上喷杀虫药剂后再铲除杂草。③及时将蔬菜残株烂叶等清除到田外，以防其发酵物诱使成虫产卵。④进入为害时期，每3.33公顷(50亩)用20瓦的黑光灯1盏；或按糖6份、白酒1份、醋3份、水10份、90%敌百虫原药1份，配制成糖醋毒液，盛于有盖的瓦(塑料)盆内，放置在距地面1米高处，傍晚打开盖诱杀成虫，第二天清晨捞出糖醋毒液中的成虫并盖盆，每1334～2001平方米(2～3亩)用1个糖醋盆，每10天换1次糖醋毒液。⑤根据黑光灯或糖醋毒液盆的诱蛾数量来确定喷药适期，如平均每天每台诱蛾器的诱蛾(成虫)数量在5头以上，表示进入成虫盛发期，诱到成虫数量最多的1天，即为成虫高峰期；当越冬代成虫盛发期后20～25天，或第二代成虫盛发期后10～15天，为2～3龄幼虫盛发期，即可喷药；或在定苗前平均每平方米有幼虫0.5～1头，或在定苗后平均每平方米有幼虫0.1～0.3头，或每100株蔬菜植株上有幼虫1～2头，即可喷药。⑥在菜苗定植前，可将灰菜、刺儿菜、苦荬菜、小旋花、苜蓿、艾蒿、青蒿、白茅、鹅儿草等杂草堆放在田间，诱集幼虫人工捕捉，或先拌入药剂毒杀(见下面)。

(4)补救措施 ①发现菜苗被咬断时，可扒开受害菜苗附近的表土，捕捉幼虫，连续捕捉4～5天；也可在傍晚，每667平方米放50片新采的泡桐叶，第二天清晨揭叶捕捉幼虫。②在1～3龄幼虫期，每667平方米用2.5%敌百虫粉剂或5%甲萘威粉剂2～2.5千克，在叶面有露水时喷粉防治；也可用90%敌百虫原药800～1000倍液，或80%敌敌畏乳油1000～1500倍液，或40%乐果乳油1000～1500倍液，或50%辛硫磷乳油800倍液，或2.5%溴氰菊酯乳油3000倍液，或20%氰戊菊酯乳油3000倍液，或2.5%

高效氟氯氰菊酯乳油 2 000～4 000 倍液，或 2.5%联苯菊酯乳油 2 000～4 000 倍液，或 2.5%氯氟氰菊酯乳油 2 000～4 000 倍液，喷雾防治。③每 667 平方米用鲜嫩杂草或菜叶 25～40 千克，切成 3.3 厘米左右长的段，加水拌湿，再用 2.5%敌百虫粉剂 0.5 千克拌匀，制成毒草；也可用炒香的麦麸或饼肥 50 千克，与 2.5%敌百虫粉剂 1.5 千克拌匀，再加少量水拌湿，制成毒饵，每 667 平方米用毒饵 2.5～5 千克，在傍晚将毒草（饵）撒入田间菜苗附近，诱杀 3 龄以上幼虫。④用 90%敌百虫原药 800～1 000 倍液，或 80%敌敌畏乳油 2 000 倍液，或 50%辛硫磷乳油 2 000 倍液灌根。

(5)注意事项 ①大地老虎、黄地老虎的预防措施和补救措施，可参照小地老虎。②要注意防治菜地附近其他农作物、杂草上的地老虎。

170. 怎样防治蝼蛄类害虫？

(1)识别要点 蝼蛄是地下害虫，又称为土狗子、地狗子、拉拉蛄、地拉蛄、水狗等。成虫体狭长，头小圆锥形，前胸背板椭圆形，背面隆起如盾、较硬，前足呈粗短扁平状、上有齿，有 4 翅，前翅短、后翅长，腹部柔软圆筒形，着生 2 根长尾须；若（幼）虫的外形与成虫基本相似。菜田发生的蝼蛄有 2 种。①华北蝼蛄：又称为大蝼蛄、单刺蝼蛄，体长 36～55 毫米，黄褐色。②东方蝼蛄：又称为小蝼蛄、非洲蝼蛄，体长 30～35 毫米，灰褐色。

(2)为害特点 蝼蛄成虫和若虫在土中咬食蔬菜及各类刚播下的作物种子和幼芽，或将幼苗根、茎部咬断，使幼苗枯死，受害的根部呈乱麻状。蝼蛄将表土拱起穿成许多隧道，使幼苗根部透风和土壤分离，使幼苗失水干枯致死，造成缺苗断垄，甚至毁种。华北蝼蛄主要分布在华北、西北、东北和华东北部，尤以盐碱地、砂壤地发生的数量最大。东方蝼蛄在我国各地均有分布，以南方发生量大，在低湿、黏重的土壤中发生量少，高湿低洼地和水淹地发生最多。一般在夜间(21～23 时)活动,成虫有趋光性,并喜好香甜物质和马粪以及炒香的豆饼、麦麸等。每年 5～6 月份和 9～10 月份是两个为害期。

(3)预防措施 ①改良盐碱地,或实行水旱轮作。②施用腐熟的有机肥料。③夏收后及时翻地,破坏蝼蛄的产卵场所。秋收后,先大水灌地,使土壤深层的蝼蛄向上迁移,在上冻前深翻地,把翻上地表的害虫冻死。④每 667 平方米用 3%辛硫磷颗粒剂 1.5～2 千克,与细土 15～30 千克混匀制成毒土,在耕耙前撒于地表,或栽植前施入沟内。

(4)补救措施 ①在蝼蛄为害期,追肥可施用碳酸氢铵等化肥。或用黑光灯、白炽灯(下加水盆)诱杀成虫。或沿田间新拱起的蝼蛄隧道,人工挖洞捕杀虫、卵。②先把麦麸、豆饼、秕谷、棉籽饼或玉米碎粒等饵料炒香后放凉,每 100 千克饵料用 90%敌百虫原药 0.5～1 千克,先将敌百虫用少量温水溶解,倒入饵料中拌匀,再根据饵料干湿程度加适量水,拌至用手一攥稍出水即可,即成毒饵。每 667 平方米用毒饵 1.5～2.5 千克,在傍晚时撒在已出苗的菜地或苗床的表土上,或播种、移栽定植前撒于播种沟或定植穴内。制成的毒饵应当日用完。③苗床受害严重时,用 80%敌敌畏乳油 30 倍液灌洞灭虫。④傍晚在田间挖个土坑,放 1 个水盆,盆口与地面齐平,装水 8 分满,在水面上滴几滴香油,进行诱杀。

171. 怎样防治东方行军蚁?

(1)识别要点 东方行军蚁又称为东方植食行军蚁、东方食植矛蚁、黄蚂蚁、黄丝蚁、黄丝蚂等。①成虫工蚁有大、小两种体型:大型工蚁体长 5～6 毫米,体褐色或栗褐色,腹部色较胸部淡,头近方形或矩形,后缘深凹,额中央具一条纵沟;小型工蚁体长 2.5～3 毫米,体蜜黄色,额中央无纵沟。②雄蚁体似胡蜂,有 2 对翅,体长 17～23 毫米,体表密生黄毛,翅黄色透明。③幼虫体长 2 毫米左右，米黄色。

(2)为害特点 ①东方行军蚁可为害萝卜、白菜、甘蓝、薹菜、芥菜、茄子、辣椒、西红柿、马铃薯、四季豆、豇豆、芫荽(胡荽)、莴苣等蔬菜，还有西瓜、豆薯、甘薯、柑橘等作物，以及重要的杂草寄主小飞蓬和香丝。主要以工蚁咬食植物蔸部(地面上下3厘米)的茎、根、块茎和块根，形成孔洞或吃光，致茎叶枯黄致死(此时受害作物的根和茎表皮大部分被取食掉)，也可咬食贴近地面的西瓜、番茄、茄子等瓜果，并在受害作物蔸部土表以粪泥形成"小蚁丘"(肉眼仔细观察可发现)。②该蚂蚁分布在云南、贵州、湖南、江西、福建等省，每年的3～4月份、5～7月份、8～11月份是3个为害期。

(3)预防措施 ①作物收获后，及时清除田间和地边的残枝落叶及杂草(小飞蓬和香丝等)，深埋或沤肥，并深翻地。②施用腐熟的有机肥。

(4)补救措施 在为害期，若发现作物蔸部土表有"小蚁丘"或受害作物初显叶枯症状，可用80%敌敌畏乳油800倍液，或50%辛硫磷乳油1500倍液，或25%喹硫磷乳油1500倍液，或2.5%溴氰菊酯乳油800倍液灌根或喷淋蔸部及附近地面。

(5)注意事项 对其他种类蚂蚁为害蔬菜，预防措施和补救措施可参照东方行军蚁。

172. 怎样防治蛴螬类害虫?

(1)识别要点 蛴螬是金龟甲的幼虫，也是地下害虫，又称为白土蚕、白地蚕、核桃虫、蛭虫、土蚕、老母虫、粪虫等。老熟幼虫体长14～45毫米(不同种类的蛴螬长度不同)，身体柔软多皱褶，静止时弯成C形，头部黄褐色，体乳白色。成虫通称为金龟甲(子)，体长6～21毫米、体宽3.4～11毫米(不同种类的金龟甲大小不同)，长椭圆形，呈棕褐色或黑褐色、黑色，具光泽，体壁硬，前翅厚并盖住后翅。

(2)为害特点 ①成虫白天藏在土中，晚上20～21时进行取食植物叶片等活动，有假死性和趋光性，喜欢未腐熟的粪肥。在全国均有分布，但以北方发生较重，4～7月份为活动期。②蛴螬可为害蔬菜及其他农作物和花卉苗木，喜食刚播种的种子、根、块茎及幼苗，常造成缺苗断垄，薯芋类块根被咬成孔眼，伤口易诱发病害。蛴螬在春、秋两季为害最重，其活动与土壤温度和湿度关系密切，当10厘米深土温达5℃时开始上升土表，13℃～18℃时活动最盛，23℃以上则往深土中移动。土壤潮湿活动加强，尤以连续阴雨天气，为害加重。

(3)预防措施 ①实行水旱轮作，清除田间杂草和残株，入冬前翻地。②施用腐熟的有机肥，可用碳酸氢铵作追肥。③用黑光灯诱杀成虫。④每667平方米用50%辛硫磷乳油200～250克，加10倍水稀释，喷在25～30千克细土上，拌匀制成毒土。将毒土顺垄条施，随即浅锄；或将毒土撒于播种沟内，覆盖一层细土后播种；或将毒土撒于地面随即耕翻，或混入厩肥中。⑤在育苗时，每平方米苗床用2.5%敌百虫粉剂3克，拌过筛细土15克，混匀制成毒土，先往苗床内撒一层毒土，然后再铺苗床上。

(4)补救措施 用50%辛硫磷乳油1000倍液，或80%敌百虫可溶粉剂800倍液灌根，防治蛴螬。

(5)注意事项 金针虫是叩头虫(甲)的幼虫，又称为土蚰蜒、芨芨虫、钢丝虫等。以幼虫在土壤中取食播下的种子、萌出的幼芽、菜苗根部、地下块茎等，常造成缺苗断垄。老熟幼虫体长20～32毫米，体躯细长呈扁筒形，体壁坚硬而光滑，金黄色，头部扁平暗褐色。在春、秋两季发生，当土温7℃～17℃时为害最重。预防措施和补救措施可参照蛴螬的防治。

173. 怎样防治象甲类害虫？

(1)识别要点 象甲类害虫有一个共同特征，其成虫的头有一部分向前延伸成象鼻状或鸟喙状，而幼虫体乳白色，肥胖弯曲，各节背面有许多横皱、无足。在蔬菜上为害的象甲主要有大灰象甲、甜菜象甲和蒙古象甲3种。①大灰象甲：又称为大灰象、日本灰象、大灰象鼻虫、象鼻虫、土拉驴等。成虫体长8.6～12毫米，体灰黑色至黑褐色，密被灰白色或灰黄色鳞片，鞘翅密布刻点；老熟幼虫体长12～17毫米，头部米黄色。②甜菜象甲：成虫体长12～16毫米，长椭圆形，体、翅基底黑色，密被灰色至褐色鳞片；老熟幼虫体长10～15毫米，头黄褐色。③蒙古灰象甲：又称为象鼻虫、灰老道、小放牛、蒙古土象等。成虫体长4.4～6.0毫米、宽2.3～3.1毫米，卵圆形，体灰色，密被灰黑褐色鳞片；老熟幼虫体长6～9毫米，头黄褐色。

(2)为害特点 这3种象甲的成虫均不善飞翔，咬食幼苗子叶、心叶、嫩茎等处，或拱入表土咬断子叶和生长点，幼虫咬根，出现叶片孔洞、缺刻或被吃光，咬断嫩芽和嫩茎，幼苗枯死等症状，造成缺苗断垄。①大灰象甲：主要为害各类蔬菜、粮棉作物及果树等，分布于辽宁、河北、山西、陕西、安徽、湖北、内蒙古等地，为害期是4～7月份。②甜菜象甲：主要为害菠菜、苋菜、白菜、甘蓝、瓜类、甜菜、向日葵、玉米、烟草等，分布于河北、内蒙古、山西、宁夏、甘肃等地，为害期是3～7月份。③蒙古灰象甲：主要为害豆类、瓜类蔬菜、粮棉及果树等，分布在东北、华北、西北和江苏等地，为害期是3～6月份。

(3)预防措施 ①秋季刨根茬，入冬前深翻地。②适时秋灌或春灌。③早春铲除田间地边的野生寄主和杂草。④在受害重的田块四周挖宽、深各40厘米的沟，内放新鲜或腐败的杂草诱集成虫，集中杀死。⑤注意防治其他作物田内的象甲类害虫。

(4)补救措施 在成虫为害期，用50%辛硫磷乳油1000倍液，或40%乐果乳油1000倍液，或80%敌百虫可溶粉剂1000倍液，或50%杀螟硫磷乳油1000～1500倍液，或4.5%高效氯氰菊酯乳油2000～3000倍液，或50%氰戊・辛硫磷乳油2000～3000倍液喷雾或灌根。

(5)注意事项 ①网目拟地甲又称为沙潜，雌成虫体长7.2～8.6毫米、宽3.8～46毫米，雄成虫体长6.4～8.7毫米、宽3.3～4.8毫米，成虫羽化初期乳白色，逐渐加深，最后呈黑色略带褐色，一般鞘翅上附有泥土，因此外观成灰色，虫体呈椭圆形，头部较扁，背面似铲状；老熟幼虫体长15～18.3毫米，体细长与金针虫相似，深灰黄色，背板色深。②网目拟地甲主要为害蔬菜、豆类、小麦、花生、药材等。成虫和幼虫为害蔬菜幼苗，取食嫩茎、嫩根，影响出苗，幼虫还能钻入根茎、块根和块茎内咬食，造成幼苗枯萎死亡。分布在东北、华北、西北及华东地区，为害期是3～7月份和秋季。成虫食性杂，只能爬行，喜干燥，一般发生在旱地或黏性较重的土壤中。③可适当调整播种期。在发生期，用25%喹硫磷乳油1000倍液喷洒或灌根。也可用毒饵诱杀(参照蝼蛄的防治)。

174. 怎样防治黄条跳甲类害虫？

(1)识别要点 黄条跳甲类害虫主要有黄曲条跳甲、黄狭条跳甲、黄宽条跳甲和黄直条跳甲4种。它们不但均善跳能飞，而且外形相似，只是体型大小和鞘翅上的黄色纵斑的形状(名称上也有表示)不同。①黄曲条跳甲：又称为菜蚤子、土跳蚤、黄跳蚤、地蹦子、狗虱虫、跳虱、跳甲、黄曲条菜跳甲、黄条跳甲、黄跳甲等。成虫体长1.8～2.4毫米，长椭圆形，体黑色有光泽，鞘翅中央有1条黄色纵斑；老熟幼虫体长4毫米左右，长圆筒形，乳白色，头部淡褐色，幼虫又称为白蛆。②黄狭条跳甲：又称为黄狭条菜跳甲、麦拟黄条叶甲、直条跳甲、黄窄条跳甲、菜蚤子、土跳蚤、黄跳蚤、狗虱虫等。成虫体长 1.5～1.8 毫米。③黄宽条跳甲：又称为黄宽条菜跳甲、黄宽条跳甲、伪黄条跳甲、菜蚤子、土跳蚤、土圪蚤、黄跳蚤等。成虫体长 1.8～2.2 毫米。④黄直条跳甲：成虫体长 2.2～2.8 毫米。

(2)为害特点 这 4 种黄条跳甲类害虫的为害特点相同。成虫食叶，以幼苗期为害最重，出土幼苗的子叶被吃，整株死亡，造成缺苗断垄，在留种地主要为害花蕾和嫩荚。幼虫只为害菜根，蛀食根皮，咬断须根，使叶片萎蔫枯死。萝卜受害呈许多黑斑，最后整个变黑腐烂；白菜受害叶片变黑死亡，并传播软腐病。成虫对黑光灯尤为敏感。①黄曲条跳甲：主要为害十字花科蔬菜，还为害茄果类、瓜类、豆类蔬菜；各地普遍发生，每年由北向南发生 3～8 代，以春、秋两季为害重，秋又重于春，在广东省冬季为害也重(有十字花科蔬菜)。②黄狭条跳甲：主要为害十字花科蔬菜，分布于内蒙古、甘肃、新疆、河北、山东、河南等地，当春季天气干燥时，为害重。③黄宽条跳甲：主要为害十字花科蔬菜，分布于黑龙江、内蒙古、新疆、宁夏、青海、甘肃、河北、山东、山西、江苏、云南等地，常与黄狭条跳甲混合发生，每年发生 3～4 次，4～5 月份开始活动。④黄直条跳甲：主要为害十字花科蔬菜，分布于南方地区。

(3)预防措施 ①与非十字花科蔬菜实行 2 年以上轮作，或水旱轮作。②播种前 7～10 天深耕晒土。③种菜前，每 667 平方米用 3%辛硫磷颗粒剂 1.5 千克，与适量细土混匀，配制成毒土撒布。

(4)补救措施 ①用黑光灯诱杀成虫。②菜苗出土后，用 50%辛硫磷乳油 1 000～1 500 倍液，或 80%敌敌畏乳油 1 000 倍液，或 90%敌百虫原药 1 000 倍液，或 40%毒死蜱乳油 800～1 000 倍液，或 50%马拉硫磷乳油 1 000 倍，或 20%氰戊菊酯乳油 2 500 倍液，或 2.5%溴氰菊酯乳油 2 500 倍液，或 5%氟虫脲乳油 1 000～1 500 倍液，在下午喷雾防治成虫。对于较宽的田块，应先喷四周田边，对于狭长的田块，可先喷一端，再从另一端喷过去，务必喷透、喷匀，叶片和土面均喷到。③可用敌百虫、敌敌畏或辛硫磷等药液灌根防治幼虫(见上)。④清除田间残株落叶，铲除杂草，深埋或烧毁。

175. 怎样防治守瓜类害虫?

(1)识别要点 常见的守瓜类害虫主要有黄足黄守瓜、黄足黑守瓜和黑足黑守瓜 3 种。①黄足黄守瓜：又称为黄守瓜黄足亚种、黄守瓜、守瓜、黄虫、黄萤、黄油子、瓜叶虫、萤火虫等。成虫体长约 9 毫米，长椭圆形，体黄色、或橙黄色、或橙红色；老熟幼虫体长约 12 毫米，头部黄褐色或棕色，胸腹部为黄白色。②黄足黑守瓜：又称为柳氏黑守瓜、黄胫黑守瓜、黑瓜叶虫等。成虫体长 5.5～7 毫米，体宽 3～4 毫米，头部呈橙黄色或橙红色，鞘翅(背部)、眼等处呈黑色；幼虫黄褐色，胴部各节均有明显瘤状突起。③黑足黑守瓜：又称为黑胫黑守瓜。成虫体长 5.5～7 毫米，体宽 3.2～4 毫米，全身极光亮，头部、前胸和腹部橙黄色至橙红色，鞘翅、中胸、足等处为黑色。

(2)为害特点 成虫喜食瓜叶、嫩茎、花瓣、幼果。叶片被食后形成圆形缺刻，或死苗。幼虫在地下咬食瓜类根部，重者使植株萎蔫而死，也可蛀入接近地面的瓜内为害，引起腐烂。①黄足黄守瓜：主要为害瓜类，也为害十字花科、茄科、豆科等蔬菜。全国均有分布，以长江流域以南地区受害最重。每年北方地区发生 1 代、华南地区发生 2～4 代，春季气温达 10℃时成虫开始活动，直到秋季再以成虫越冬。成虫一般在上午 10 时至下午 3 时活动，常出现雨后成虫产卵量增多的现象。②黄足黑守瓜：主要为害瓜类蔬菜，主要分布在长江流域以南地区。该虫比黄足黄守瓜发生迟，为害作物种类较少。③黑足黑守瓜：为害瓜类作物，分布在陕西、山东、江苏、河北、黑龙江、甘肃等地。每年发生 1～2 代，成虫 4 月上旬开始取食，到秋季越冬。

(3)预防措施 ①入冬前或早春，锄净地边杂草，填埋土缝。②与甘蓝、芹菜、莴苣、葱蒜等间作或轮作。③合理安排播期，使幼苗出土至5～7片真叶期，避开越冬成虫为害高峰期。④采用地膜覆盖栽培，或在成虫产卵盛期，单用或混用草木灰、石灰粉、秕糠、锯末等物，撒在瓜根附近土面和叶片上，防止成虫产卵。⑤用窗纱布做成网罩，盖在瓜苗上。

(4)补救措施 ①成虫盛发期，用90%敌百虫原药1 000倍液，或50%敌敌畏乳油1 000～1 200倍液，或20%氰戊菊酯乳油2 000～2 500倍液，或50%杀螟丹可溶粉剂1 000倍液，或10%吡虫啉可湿性粉剂1 500倍液，或10%醚菊酯悬浮剂1 000倍液喷雾；每667平方米用2.5%敌百虫粉剂1.5～2千克，在清晨喷粉。②幼苗初萎蔫时，用50%敌敌畏乳油1 000倍液，或90%敌百虫原药1 000～2 000倍液，或50%辛硫磷乳油1 500倍液灌根，杀灭幼虫。④要注意避免药害(瓜类易受药害)。

176. 怎样防治猿叶虫类害虫？

(1)识别要点 为害蔬菜的猿叶虫有大猿叶虫和小猿叶虫2种。①大猿叶虫：又称为黑壳虫、乌壳虫、白菜掌叶甲等。成虫体长4.7～5.2毫米，体宽约2.5毫米，长椭圆形，蓝黑色，有光泽。幼虫又称为癞虫、肉虫、弯腰虫等。老熟幼虫体长约7.5毫米，头黑色有光泽，体黄褐色或灰褐色，每体节有20个大小不等的肉瘤。②小猿叶虫：又称为乌壳虫、猿叶虫、白菜猿叶甲、火燎虫等。成虫体长3.4毫米，体宽2.1～2.8毫米，卵圆形；背面蓝色，带绿色光泽。幼虫俗称癞虫、弯腰虫。老熟幼虫体长6.8～7.4毫米，灰黑色而带黄，每体节有黑色肉瘤8个。

(2)为害特点 两种猿叶虫的成虫和幼虫均群集咬食叶片。初孵幼虫仅啃食叶肉和一面表皮，形成许多透明的小凹坑；大龄幼虫和成虫可将叶片吃成孔洞和缺刻，严重时叶片被吃成网状，仅留叶脉。①大猿叶虫：主要为害十字花科蔬菜，偶有为害甜菜、胡萝卜、洋葱等。喜食杂草羊蹄。在全国各地均有发生，每年北方发生2代，长江流域发生2～3代，广西发生5～6代，各地均以成虫越冬，4～5月份和9～10月份形成两个为害高峰期。成、幼虫均有受惊后落地的习性。春季发生的成虫，当气温高于20℃～25℃（各地不同），会潜入土中或草丛等处夏眠。②小猿叶虫：主要为害十字花科蔬菜、莴苣、洋葱、葱、胡萝卜等。分布于辽宁、内蒙古、湖南、广东、广西、海南等地。在南方，该虫常与大猿叶虫混合发生。每年长江流域发生3代，广东发生5代，3～4月份和9～11月份形成两个为害高峰期。成虫夏眠或不休眠。

(3)预防措施 ①秋冬季或夏季清除田间残株败叶，铲除杂草，并翻地。②入冬前，在田间堆放菜叶、杂草诱杀成虫。③早春，可先种植羊蹄，诱集大猿叶虫，然后喷药或除草。

(4)补救措施 ①利用成、幼虫假死性，清晨敲打菜株，以盛有泥浆或药液的广口容器（可置于简易的木制拖板上）在叶下承接捕杀。②在成虫或幼虫盛发期，用5%增效哗硫磷乳油1000倍液，或50%敌敌畏乳油1000倍液，或10%氯氰菊酯乳油2000～3000倍液，或20%氰戊菊酯乳油2500～3000倍液，或50%杀螟丹可溶粉剂1000～1500倍液，或5%氟虫腈悬浮剂2000倍液，或5%氟啶脲乳油3000～4000倍液，或21%氰戊·马拉松（增效）乳油6000倍液喷雾。

177. 怎样防治瓢虫类害虫？

(1)识别要点 在蔬菜上为害的瓢虫又称为花大姐、胖小，有马铃薯瓢虫和茄二十八星瓢虫两个种。①马铃薯瓢虫：又称为二十八星瓢虫、大二十八星瓢虫。成虫体长7～8毫米，半球形，赤褐色，体背密生黄褐色细毛，有白色反光，两鞘翅各有14个黑色斑，鞘翅合缝处有1～2对黑斑相连；老熟幼虫体长9毫米，黄色，纺锤形，背面隆起，体背各节有黑色枝刺。②茄二十八星瓢虫：又称为小二十八星瓢虫、伪二十八星瓢虫、酸浆星瓢虫。成虫体长6毫米，半球形，黄褐色，体背密生黄色毛，两鞘翅各有14个黑色斑，鞘翅合缝处的黑斑不相连；老熟幼虫体长7毫米，白色，体背各节有白色枝刺。

(2)为害特点 两种瓢虫均以成虫和幼虫咬食叶片、花器、果实、嫩茎。初孵幼虫群居于叶背啃食叶肉，仅留表皮，形成许多平行半透明的细凹纹、后变为褐色斑痕。稍大后幼虫逐渐分散为害。成虫和幼虫均可将叶片吃成穿孔，严重时只剩叶脉，叶片萎蔫。受害果实上出现许多啃食形成的凹纹，果实变僵硬、有苦味，不堪食用。成虫均有假死性。①马铃薯瓢虫：主要为害马铃薯(必须取食马铃薯)、茄子、辣椒、番茄、豆类、瓜类等蔬菜。主要分布在东北、华北、西北等地区，以及河南、湖北、浙江、福建、广西、云南、四川、西藏等地。每年在东北、华北和山东等地发生1～2代，江苏发生3代，以成虫越冬。成虫的生育适温为22℃～28℃，为害期是5～9月份。②茄二十八星瓢虫：主要为害茄子、番茄、甜椒、马铃薯、黄瓜、冬瓜、丝瓜、白菜等蔬菜。主要分布在北起黑龙江、内蒙古，南到海南、广东、广西、云南，西至陕西、甘肃、四川、西藏，长江以南种群数量较大。成虫的生育适温为25℃～28℃，空气相对湿度为80%～85%，每年5月份为害最重。

(3)预防措施 ①拉秧后，及时清除田园的杂草和残株，深埋或烧毁。②入冬后，在虫害发生地附近背风向阳处的树缝、树洞、石洞、篱笆下，寻找群集越冬成虫，消灭。

(4)补救措施 ①摘除叶背上的卵块和植株上的蛹，也可用棍轻敲植株，并用盆接住坠落的成虫，集中杀灭。②在幼虫分散之前，用80%敌敌畏乳油1 000倍液，或90%敌百虫原药1 000倍液，或50%马拉硫磷乳油1 000倍液，或50%辛硫磷乳油1 500～

2 000 倍液，或 2.5%溴氰菊酯乳油 3 000 倍液，或 20%氰戊菊酯乳油 3 000 倍液，或 21%氰戊・马拉松(增效)乳油 6 000 倍液喷雾，注意往叶背面喷药。

178. 怎样防治菜蛾?

(1)识别要点 菜蛾又称为小菜蛾、方块蛾、小青虫、两头尖、吊死鬼、青小虫、吊丝虫、扭腰虫等。成虫为灰褐色小型蛾，体长 6～7 毫米，翅展 12～15 毫米，翅狭长，前翅中央有黄白色三度曲折的波纹，停飞两翅合拢静止时，黄白色的波纹呈 3 个接连的菱形斑，前翅缘毛长并翘起如鸡尾状；老熟幼虫黄绿色，体长约 10 毫米，纺锤形，体节明显，两头尖细。

(2)为害特点 成虫不为害，幼虫取食十字花科蔬菜。幼虫活动时遇惊扰即扭动、倒退，或翻滚落下，或吐丝下垂。初龄幼虫仅取食叶肉，留下表皮，在菜叶上形成多个透明的斑，呈开天窗状；3～4 龄幼虫将菜叶食成孔洞和缺刻，严重时全叶被吃成网状。在苗期常集中心叶为害，影响包心。在留种株上，为害嫩茎、幼荚和籽粒。在我国南、北方均有分布。每年东北发生 4～5 代、华北发生 5～6 代、南京发生 10～11 代、广东发生 20 代，长江流域和华南各省无越冬、越夏现象。该虫的发育适温为 20℃～30℃。在北方以 5～6 月份和 8 月份为两个发生高峰期，春季为害重；长江流域及以南地区以 3～6 月份和 8～11 月份为两个发生高峰期，秋季为害重。

(3)预防措施 ①十字花科作物收获后，及时清除田间地边的残枝落叶及杂草，深埋或沤肥，并深翻地。②十字花科蔬菜与其他蔬菜轮作，或在夏季停种十字花科作物，避免周年连作。③在苗床上或田间，可覆盖防虫网。④种植早春十字花科作物，最好远离保护地。⑤用黑光灯、或频振式杀虫灯、或小菜蛾性诱剂诱杀成虫。

(4)补救措施 在 3 龄幼虫前，轮换选用下列药剂喷雾防治。

由于甘蓝、花椰菜等叶面上蜡质较厚,可在药液中加入 0.1%洗衣粉喷洒(先试后用),并注意往叶背喷药。这些药物是:①苏云金杆菌粉剂(每克含 100 亿活孢子以上)500～1 000 倍液,或杀螟杆菌粉剂(每克含 100 亿活孢子以上)800 倍液;②50%辛硫磷乳油 1 000 倍液,或 40%乙酰甲胺磷乳油 1 000 倍液;③20%氰戊菊酯乳油 2 000 倍液,或 2.5%溴氰菊酯 2 000 倍液;④1.8%阿维菌素乳油 3 000 倍液,或 1.5%多杀菌素悬浮剂 800～1 000 倍液;⑤25%杀虫双水剂 500 倍液,或 50%杀螟丹可溶粉剂 1 000～1 500 倍液;⑥10%虫螨腈乳油 3 000 倍液,或 25%灭幼脲悬浮剂 1 800 倍液,或 5%氟啶脲乳油 3 000 倍液,或 5%氟虫脲乳油 3 000 倍液,或 5%氟虫腈乳油 3 000 倍;⑦30%茚虫威水分散粒剂 5 000 倍液。

179. 怎样防治菜粉蝶?

(1)识别要点 菜粉蝶又称为菜白蝶、白粉蝶等。成虫体长 10～20 毫米,体灰黑色,翅白色,翅展 60～70 毫米,雌蝶前翅有 2 个显著的黑色圆斑,雄蝶前翅有 1 个显著的黑斑。幼虫又称为菜青虫。老熟幼虫体长 28～30 毫米,体青绿色,背线淡黄色,腹面绿白色,体表密布细小黑色毛瘤。

(2)为害特点 成虫不为害,幼虫主要为害十字花科蔬菜,尤以甘蓝、花椰菜、芥蓝等受害重。幼虫咬食叶片,2 龄前仅啃食叶肉,留下一层透明的表皮,3 龄后蚕食整个叶片,轻者出现孔洞和缺刻,重则仅剩叶脉,同时虫粪污染菜叶,影响植株生长和包心,导致产品的商品价值降低,伤口处还易感染软腐病。全国均有分布。每年发生代数:黑龙江省 3～4 代,华北地区 4～5 代,长江中下游地区 7～8 代,南方可周年为害。菜青虫发育适宜温度为 20℃～25℃,适宜空气相对湿度为 76%左右。幼虫有两个为害高峰期,即 4～6 月份和 8～10 月份,春季重于秋季。

(3)预防措施 可参照菜蛾。

(4)补救措施 可参照菜蛾。

(5)注意事项 在我国，为害十字花科蔬菜的粉蝶主要有5种，除菜粉蝶外，尚有4种(成虫外形与菜粉蝶相似，只是翅上的斑纹不同)，另外还有2种夜蛾。识别要点和为害特点各有不同。①大菜粉蝶：又称为欧洲粉蝶、油菜大菜粉蝶。老熟幼虫体长38～44毫米，头部黑色，在额区及沿颅中沟两侧有"∧"形黑带，胸部蓝绿色，带黑点，体背黄色，体侧具白毛构成的隐约的条纹，各节每侧具一显著黑斑。分布在我国西北及西南地区以及黑龙江、内蒙古、河北、山西、广东等地，以新疆、云南受害严重，每年发生4～5代。②云斑粉蝶：又称为斑粉蝶、花粉蝶、朝鲜粉蝶等。老熟幼虫体长约30毫米，体灰蓝色，头部和身体表面密被紫黑色突起和绒毛，胸腹部具有相间的黄色纵条纹。分布在我国北方地区，在华北地区每年发生3～4代，以春、秋发生量较多，与菜青虫出现的时间一致。③东方粉蝶：又称为黑缘粉蝶、多点菜粉蝶。幼虫与菜青虫相似，虫体暗绿色，体背黑褐色的毛瘤周围有墨绿色的圆斑，所以粗看似乎毛瘤特别大，背线黄色，腹背第七节有2个黄斑。分布于华东、华南、华中和西南地区，在南方与菜粉蝶混杂发生，在广州4～5月份和10月份发生稍多。④黑纹粉蝶：又称为黑纹菜粉蝶、油菜黑纹粉蝶、黑脉粉蝶、褐脉粉蝶。幼虫与菜粉蝶的幼虫近似，气门线上只有1个环状黄斑，围绕气门。每年发生代数：东北和华北地区4～5代，华东地区7～8代，华南和西南地区8～9代。4～11月份是幼虫为害期。⑤粉斑夜蛾：该虫与菜蛾、菜粉蝶是为害十字花科蔬菜的三大鳞翅目害虫。成虫体长14～16毫米，翅展28～33毫米，头、胸、腹灰褐色；幼虫浅绿色，体由头部到腹部末端渐变粗，爬行时体背拱曲。幼虫主要为害十字花科蔬菜和莴苣、甜菜、豌豆、芹菜、芫荽、番茄、马铃薯等，咬食叶片成孔洞或缺刻。分布在陕西、河北、河南、江苏、浙江、福建、湖北、广东、云南等地，3～9 月份是幼虫为害期。⑥银纹夜蛾：又称为黑点银纹夜蛾、豆银纹夜蛾、菜步曲、造桥虫、大豆造桥虫、透风虫等。成虫体长 12～17 毫米，翅展 32 毫米，体灰褐色，前翅深褐色、具两条银色横纹，后翅暗褐色；老熟幼虫体长约 30 毫米，头、足为绿色，体两侧有黑斑，由头部到腹部末端渐变粗，爬行时体背拱曲。幼虫主要为害十字花科蔬菜和莴苣、茄子、胡萝卜及豆类等。全国分布，每年春、秋两季发生，常与菜粉蝶、菜蛾混合发生。这 6 种害虫的预防措施和补救措施可参照菜蛾。

180. 怎样防治斜纹夜蛾？

(1)识别要点 该虫又称为莲纹夜蛾、莲纹夜盗蛾、斜纹夜盗蛾、夜盗虫、行军虫、黑头虫、大食虫、花虫、野老虎、黑条虫等。成虫体长 14～20 毫米，翅展 35～46 毫米，体暗褐色，胸部背面有白色丛毛，前翅灰褐色，从前缘向后缘外边有 3 条白色斜纹，故称斜纹夜蛾。老熟幼虫体长 33～50 毫米，头部黑褐色，胴部体色多变(因食料和虫口密度不同而异)，有土黄色、青黄色、灰褐色、暗绿色、墨绿色等，从中胸至腹部第九节背面，各有 1 对半月形或三角形黑斑。

(2)为害特点 ①成虫不为害，但昼伏夜出，有趋光性，喜欢甜、酸的发酵食物；幼虫主要为害十字花科、茄果类、瓜类、豆类、芋、藕、姜、葱、韭菜、菠菜等蔬菜及农作物达 280 种以上。幼虫食叶、花器、果实。低龄时群集在叶背啃食，受害叶残留上表皮和叶脉，呈白纱状后变黄；3 龄后分散为害叶片、嫩茎；4 龄后近入暴食期，多在傍晚出来为害，可将植株吃成光秆；老龄幼虫可蛀食果实和叶球，并排泄虫粪，易染软腐病。该虫是一种危害性很大的害虫。②每年发生代数：华北地区 4～5 代，长江流域 5～6 代，福建 6～9 代，广东和广西则全年为害。该虫的发育适温为 29℃～30℃，各地的幼虫为害期在 7～10 月份。

(3)预防措施 ①作物收获后，及时清除田间地边的残枝落叶及杂草，深埋或沤肥，并深翻地。②用糖醋毒液盆(参照地老虎的防治)，或安放黑光灯、频振式杀虫灯，或用杨树枝把(参照棉铃虫的防治)蘸上90%敌百虫原药500倍液插到田间，或用菠萝皮或有酸味酒味的烂水果配成毒饵(参照瓜实蝇的防治)，诱杀成虫。③利用斜纹夜蛾性诱剂诱捕成虫。④有条件的地方，可在主栽蔬菜地边种一些香梗芋或槟榔芋，其面积比例为：蔬菜∶芋＝9∶1，便于观察幼虫发生情况，并灭杀。

(4)补救措施 ①发现群集的低龄幼虫(可从受害叶症状上识别)和卵块，可立即摘除深埋。②傍晚时在田间，每隔2～3米摆放一小堆该虫爱吃的菜叶或杂草，翌日早晨在草(菜叶)堆下捕捉大龄幼虫。③在低龄幼虫时，用苏云金杆菌粉剂(每克含100亿活孢子以上)500倍液喷雾；或用25%氯氰菊酯乳油3 000倍液，或48%毒死蜱乳油1 000～1 500倍液，或25%喹硫磷乳油800～1 000倍液，或44%氯氰·毒死蜱乳油2 000倍液喷雾；或用25%灭幼脲悬浮剂1 500倍液，或5%氟虫脲乳油1 000～1 500倍液，或5%氟啶脲乳油2 000倍液，或10%虫螨腈乳油1 500倍液，或15%茚虫威悬浮剂4 000倍液喷雾。在傍晚喷药效果更好，注意往叶背喷药。

181. 怎样防治甜菜夜蛾？

(1)识别要点 甜菜夜蛾又称为贪夜蛾、白菜褐夜蛾、玉米叶夜蛾、苋菜虫等。成虫体长10～14毫米，翅展25～34毫米，体灰褐色，前翅中央近前缘外方有肾形斑1个，内方有圆形斑1个，外缘有一列黑色的三角斑，后翅银白色、翅缘灰褐色；老熟幼虫体长约22毫米，体色有绿色、暗绿色、黄褐色、褐色、黑褐色等，腹部体侧气门下线为明显的黄白色纵带，有的带粉红色，每体节气门后上方有一明显的白点；卵为白色圆馒头形，卵粒多层重叠呈块状，外面有白色绒毛，多产于叶正面（大葱、辣椒）或叶背（芹菜、十字花科蔬菜）。

(2)为害特点 ①成虫不为害，但昼伏夜出，有强趋光性和弱趋化性；幼虫主要为害十字花科、茄果类、瓜类、豆类、莴苣、马铃薯、茴香、胡萝卜、芹菜、大葱、韭菜、菠菜、芦笋等蔬菜及其他植物达170余种。大龄幼虫有假死性，稍受惊扰就吐丝落地。初孵幼虫群集叶背，吐丝结网，在其内取食叶肉，留下表皮，呈透明小孔；3龄后食量大增，分散为害，昼伏夜出，将叶片吃成孔洞或缺刻，严重时仅留叶脉，甚至剥食茎秆皮层，使菜苗死亡，造成缺苗断垄；3～4龄后，白天潜于植株下部或土缝中，傍晚爬出取食。大龄幼虫还可钻蛀甜椒、番茄、豆荚等果实，造成落果、烂果。②北起黑龙江，南抵广东、广西，东起沿海各省，西达陕西、四川、云南等省均有分布。每年发生代数：北方及山东、江苏4～5代，浙江6～7代，广东和广西则全年为害。该虫的发育适宜温度为20℃～23℃，适宜空气相对湿度为50%～75%。幼虫为害期在7～9月份，少雨年份为害重，常和斜纹夜蛾混发。

(3)预防措施 ①秋季适期深翻地，春季耕、耙地。②春季铲除田间地边及荒地杂草。③用频振式杀虫灯或黑光灯诱杀成虫。④在产卵盛期，及时摘除卵块和未扩散的1～2龄低龄幼虫，每隔2～3天摘1次，共摘3次。

(4)补救措施 ①在3～4龄幼虫期，在蔬菜行间铺一层塑料薄膜，在早、中、晚敲打植株（低矮蔬菜敲打间隔时间为1～2小时），使幼虫坠落在塑料薄膜上，捕杀。②药剂防治可参照菜蛾和斜纹夜蛾。

182. 怎样防治甘蓝夜蛾？

(1)识别要点 甘蓝夜蛾又称为甘蓝夜盗虫、菜夜蛾。成虫体长15～25毫米，翅展30～50毫米，翅和身体为灰褐色，在前翅的中间部位、靠近前缘附近有一个灰黑色的环状纹和一个相邻的灰白色的肾状纹，后翅灰白色；老熟幼虫体长40毫米左右，体色有黄色、黄绿色、褐色、灰色等，(褐色型)体背各节有1对倒“八”字形纹。

(2)为害特点 ①成虫不为害，但昼伏夜出，有趋光性和喜欢蜜糖味；幼虫主要为害十字花科、茄果类、瓜类、豆类、马铃薯、胡萝卜、甜菜、菠菜等蔬菜及其他植物达120余种。1～2龄幼虫爬行时体背拱曲。初孵幼虫群集于叶片背面，白天不动，夜晚啃食叶肉，残留下表皮，3龄后可将叶片吃成空洞或缺刻，4龄后分散为害、昼夜取食，6龄后白天潜伏在叶片下、菜心、地表或根周围的土壤中，夜间活动，形成暴食，严重时把叶肉吃光，仅剩叶脉和叶柄，吃完一处再成群迁移为害，常钻入叶球内为害，排泄大量虫粪，污染叶球，易引起腐烂病。②全国分布，以东北、西北、华北等地区为重。每年发生代数：黑龙江2代，华北2～3代；陕西和四川4代，西藏1代。该虫发育适宜温度为18℃～25℃，适宜空气相对湿度为70%～80%。各地的幼虫为害期略有不同，东北8～9月份，华北6～7月份和8～10月份，四川和湖南为4～5月份和9～10月份。

(3)预防措施 ①作物收获后，及时清除田间地边的残枝落叶及杂草，深埋或沤肥，并深翻地。②用糖醋毒液盆(参照地老虎防治)或安放黑光灯、频振式杀虫灯，诱杀成虫。③做好春季病虫害预测预报，以便指导防治工作。

(4)补救措施 ①发现群集的低龄幼虫(可从受害叶症状上识别)和卵块，可立即摘除深埋。②药剂防治可参照菜蛾和斜纹夜蛾。

183. 怎样防治毛毛虫？

(1)识别要点 灯蛾又称为飞蛾、火花、慕光、扑灯蛾等。对蔬菜造成危害的灯蛾幼虫有8种。这些幼虫有一个共同的特征，即体表生有浓密的毛丛，毛长短比较一致，故又称为毛毛虫、毛虫，很好识别。其老熟幼虫体长40～50毫米，少数种的体长21.5～25.8毫米，毛色有黄色、棕黄色、黄褐色、黑色、红褐色等。

(2)为害特点 ①成虫不为害，夜间活动，有趋光性。幼虫主要为害十字花科、茄果类、瓜类、豆类等蔬菜以及玉米、棉花、小麦、果木等。低龄幼虫群集在叶背取食，残留表皮及叶脉，呈白纱状，易于识别；也可为害花丝和幼果。3龄后分散为害，咬食叶片呈缺刻或孔洞，严重的可将叶片全部吃光，仅剩叶脉。②这些灯蛾分布在东北、华北、华中、华南等地区，每年发生2～6代，幼虫为害期为5～9月份，在局部地区为害较重。

(3)预防措施 ①作物收获后，及时清除田间地边的残枝落叶及杂草，深埋或沤肥，并深翻地。②用黑光灯诱杀成虫。

(4)补救措施 用一般的有机磷类或拟除虫菊酯药剂防治。可参照菜蛾的防治。

184. 怎样防治黄翅菜叶蜂？

(1)识别要点 在国内已知有5种菜叶蜂（黄翅菜叶蜂、黑翅菜叶蜂、新疆菜叶蜂、黑斑菜叶蜂、日本菜叶蜂）可为害十字花科蔬菜，其中以黄翅菜叶蜂最重要。该虫又称为芜菁叶蜂、油菜叶蜂。成虫体长6～8毫米，头部和中胸背板侧叶后部及后胸背板大部分为黑色，其余胸、腹部为橙黄（红）色，翅基部黄褐色，翅尖部透明；老熟幼虫体长约15毫米，头部黑色，体蓝黑色，各体节有很多皱纹及小突起，胸部较粗，腹部较细，有3对胸足和8对腹足。

(2)为害特点 ①幼虫为害十字花科蔬菜、芹菜等。初孵幼虫啃食叶肉，受害叶呈纱布状，大龄幼虫将叶片咬成孔洞或缺刻，严重时仅剩叶脉，也可为害采种株的花和嫩荚。幼虫有假死性。②该虫分布在全国各地，在北方每年发生4～5代，春、秋两季为发生高峰期，但以秋季8～9月份较重。

(3)预防措施 ①作物收获后，及时清除田间地边的残枝落叶及杂草，深埋或沤肥，并深翻地。②适当调整播种期，躲过幼虫大发生期。

(4)补救措施 用一般的有机磷类或拟除虫菊酯药剂防治。可参照菜蛾的防治。

(5)注意事项 注意其他4种菜叶蜂与黄翅菜叶蜂的区别。①为害特点：黑翅菜叶蜂分布在江苏、安徽、浙江、江西、福建、台湾、四川、云南等省，每年发生代数不详。新疆菜叶蜂主要分布在新疆，每年发生2～4代，为害期是6～8月份，老熟幼虫体长25毫米，圆筒形，褐绿色至墨绿色，各体节上有小型瘤呈皱褶状，气门灰白色。黑斑菜叶蜂主要分布在西藏。日本菜叶蜂主要分布在台湾、广西、四川、云南、陕西等省区。②识别要点：新疆菜叶蜂似黄翅菜叶蜂，但中胸背板两侧叶全为黑色。其他3种菜叶蜂翅为烟黑色，中胸侧面全为橙黄色。它们之间的主要区别是：黑翅菜叶蜂第一腹节背板橙黄色，仅中央有时稍暗；日本菜叶蜂第一腹节背板黑色；黑斑菜叶蜂触角10节，第一腹节背板黑色，第二至第七腹节背板两侧各有一暗斑。③预防措施和补救措施，可参照黄翅菜叶蜂。

185. 怎样防治豆芫菁？

(1)识别要点 芫菁又称为斑蝥，是蔬菜上较为常见的一类害虫，其中豆芫菁分布较广，该虫又称为白条芫菁、锯角豆芫菁。成虫体长15～20毫米，头部呈三角形、红色，眼及其内侧为黑色，胸腹部和鞘翅均为黑色，每个鞘翅上有一条纵向的黄白色条纹。

(2)为害特点 ①成虫为害豆类、茄果类、马铃薯、苋菜、蕹菜等蔬菜，群集咬食叶片、花器，尤喜食幼嫩部位，将叶片咬成孔洞或缺刻，甚至只剩网状叶脉，还为害嫩茎及花瓣、豆粒等，对产量影响大。成虫白天中午活动，活泼善爬，受惊时迅速散开或坠落地面，且能从腿节末端分泌含有芫菁素的黄色液体，如触及人体皮肤，能引起红肿发泡。幼虫以蝗卵为食，是蝗虫的天敌。②东北和华北地区每年发生1代，华中和华东地区每年发生2代。在1代区，为害期为6～8月份；在2代区，为害期为5～6月份和8～10月份。

(3)预防措施 ①入冬季前深翻地。②在清晨人工网捕成虫，集中消灭。

(4)补救措施 在成虫盛发期，用2%杀螟硫磷粉剂，或2.5%敌百虫粉剂喷粉，每667平方米用粉剂1.5～2.5千克；或用80%敌敌畏乳油1000～1500倍液，或90%敌百虫原药1000倍液，或20%氰戊菊酯乳油3000～4000倍液喷雾。

(5)注意事项 在局部地区还有以下几种芫菁能为害蔬菜。①眼斑芫菁：又称为斑蝥、小斑芫菁、黄斑芫菁、眼斑小芫菁、黄黑小芫菁、黄黑花芫菁等。分布于广西、广东、福建、湖南、湖北、云南、浙江、江苏、安徽、河北等地。成虫体长10～20毫米、宽3.5～7毫米，体黑色，密被长茸毛，鞘翅基部的背面和侧面各有一个淡黄色斑点，鞘翅上有2条黄色纹带横贯全翅，形成两个大黄色斑，翅的端部完全黑色。②大斑芫菁：又称为大芫菁、大斑蝥、大黄斑芫菁、眼斑大芫菁、黄黑花大芫菁等。分布于广西、广东、浙江、湖北、云南等地。成虫体长24～31毫米、宽8～11毫米，体形、体色和鞘翅上的斑纹与眼斑芫菁相似，但主要区别是大斑芫菁体型较大。③暗头豆芫菁：分布于宁夏、北京、天津、河北、山西、山东、上海、浙江等地。成虫体长11.5～17毫米、宽3～4毫米，体躯和足黑色，在额的中央有一条红色纵斑纹，在它的后面头顶的中央有一条由灰白色毛组成的纵纹，在前胸背板中央和每个鞘翅的中央各有一条由灰白色毛组成的纵纹。这3种芫菁均每年发生1代，为害期为6～7月份，余均可参照豆芫菁。

186. 怎样防治蟋蟀类害虫？

(1)识别要点 常见为害蔬菜的蟋蟀有2种，即油葫芦和大蟋蟀。①油葫芦：又称为黑蟋蟀、褐蟋蟀、结缕黄等。成虫体长约20毫米，背面黑褐色，浑身油光闪亮，腹面黄褐色，从其头部背面看，两条触角细长呈“八”字形，前胸背板有两个月牙纹，前翅与腹部等长，后翅发达，雌虫产卵器细长、箭状，比尾须长。若虫外形似成虫，只是无翅或有翅芽，共6龄。②大蟋蟀：又称为巨蟋、剪刀汉、肥腿、上猴、大浆狗等。成虫体长35～42毫米，暗褐色或棕褐色，头部较前胸宽，复眼间具有Y形纵沟，触角丝状，与体等长或稍长。雌虫产卵器短于尾须，末端有2个长刺如双叉。若虫外形似成虫，只是无翅或有翅芽，共7龄。

(2)为害特点 ①油葫芦：主要为害白菜、萝卜、瓜类、豆类、胡萝卜、菠菜等蔬菜。成、若虫群集咬食幼苗、嫩茎、幼瓜、嫩荚等，造成缺苗断垄、倒伏空棵。在国内几乎各省都有，分布较多的省份有安徽、江苏、浙江、江西、福建、河北、山东、山西、广东、广西、贵州、云南、西藏、海南等。每年发生1代，7～8月份为害较重。②大蟋蟀：食性杂，喜带甜味作物，主要为害瓜类、花生、芝麻、甘薯等多种农作物及经济林木的苗木。成、若虫在土下主要为害各类植物的根部，在地面咬食小苗，切断嫩茎顶，造成缺株或分枝不正常，甚至死亡。分布于湖北、广东、广西、福建、云南、贵州、江西等地。每年发生1代，3～7月份和10～11月份是两个为害期。该虫多发生于砂壤土或砂土、植被疏松或裸露、阳光充足的地方，潮湿壤土或黏土很少发生。

(3)预防措施 ①适时深翻地，及时铲除田间地边杂草。②注意防治其他作物田内的蟋蟀。

(4)补救措施 ①防治油葫芦：每667平方米用5%辛硫磷颗粒剂1千克，与15千克细土拌匀制成毒土，在傍晚将毒土撒于田间。也可每667平方米用80%敌百虫可溶粉剂50克，与2千克炒香的麦麸拌匀制成麦麸毒饵，在傍晚将麦麸毒饵撒于田间；或每667平方米堆置10厘米厚的草堆40～50个，在草堆内施放麦麸毒饵,诱杀蟋蟀(闷热的傍晚效果好)。②防治大蟋蟀:用90%敌百虫原药125克,与5千克米糠或麦糠混匀,再加入少量水搓成团,制成米(麦)糠毒饵,在闷热的傍晚,在受害田间每隔一段距离放置一团米(麦)糠毒饵;或者在除草后,按菜叶重量的10%加入敌百虫,拌匀后撒在田内,诱杀蟋蟀。

(5)注意事项 对其他种类的蟋蟀,可参照此法防治。

187. 怎样防治野蛞蝓和灰巴蜗牛?

(1)识别要点 ①野蛞蝓又称为旱螺、无壳蜒蚰螺、鼻涕虫、黏液虫、黏黏虫、蜒蚰等。成体伸直时体长30～60毫米、宽4～6毫米,光滑无外壳,柔软,体表暗黑色、或暗灰色、或黄白色、或灰红色,触角2对、暗黑色,体背前端具外套膜,为体长的1/3,边缘卷起,其内有退化的贝壳,爬过的地方留有白色痕迹;幼体形似成体,全身淡褐色。②灰巴蜗牛又称为水牛儿、旱螺蛳、蜒蚰螺等。成贝体的贝壳高19毫米、宽21毫米,有5.5～6个螺层,壳面黄褐色或琥珀色,爬过的地方留有白色痕迹;幼贝体较小,形态与成贝相似。

(2)为害特点 野蛞蝓和灰巴蜗牛在全国各地均有分布,可为害各种蔬菜与农作物,以成体和幼体喜食幼芽、幼苗、嫩叶、嫩茎,造成受害叶片出现孔洞或缺刻,甚至缺苗断垄,同时排泄粪便、分泌黏液污染蔬菜,伤口处又易引发软腐病。①野蛞蝓在强光下2～3小时即死亡,多在夜间或阴雨天活动,晚上22～23时为活动高峰时段,清晨之前又潜入土中或隐蔽处隐藏。地势低洼的湿润黏土地或壤土地发生严重,而砂土地很少发生。当气温11.5℃～18.5℃、土壤含水量为20%～30%时,对其生长发育最为有利,露地5～7月份和9～11月份是两个为害期。②灰巴蜗牛白天潜伏,在傍晚或清晨取食,喜栖息在植株茂密的低洼潮湿处,温暖多雨天气及田间潮湿地块受害重。遇高温干燥条件,蜗牛常把壳口封住,潜伏在潮湿的土缝中或茎叶下。露地3～11月份是为害期。

(3)预防措施 ①秋季清除田园植株残体和杂草，深耕土壤。②选择高燥向阳田块做苗床，铲除四周杂草，并翻挖暴晒苗床土；在苗床地四周挖一环沟，沟中通水，或在苗床地四周撒石灰粉或草木灰或用煤油、柴油、机油浸湿的锯末，防止害虫进入苗地。③施用充分腐熟的有机肥，采用高畦栽培、地膜覆盖栽培。④适当控制浇水，保持土壤表层干燥，适时中耕。⑤每667平方米用生石灰粉5～7千克，成条状撒施于沟边、地头或作物行间。

(4)补救措施 ①用新鲜的杂草、树叶、菜叶等堆放在田间诱虫，天亮前集中捕捉，可连续捕捉数天。②用10%四聚乙醛颗粒剂(密达)拌入鲜草中，用药量为鲜草量的1/10，拌匀制成毒饵，再将毒饵撒在菜地内。③晚上21～23时或清晨6～7时用手电筒光照，人工捕杀野蛞蝓。④用1%食盐水，或2%～5%甲酚皂1 000倍液，或硫酸铜1 000倍液，在下午16时以后或清晨野蛞蝓等入土前，全株喷洒。④每667平方米用茶籽饼粉3～5千克撒施，或用茶籽饼粉1～1.5千克加水100升，浸泡24小时后，取其滤液喷雾，防治灰巴蜗牛。⑤防治灰巴蜗牛和野蛞蝓，每667平方米用6%四聚乙醛颗粒剂250～500克撒施，也可条施或点施(相距40～50厘米)，施药后不宜浇水或进入田间踩踏。

(5)注意事项 ①对其他种类的蜗牛和蛞蝓，可参照此法防治。②细钻螺又称为长锥螺、长寿螺、细长钻螺等。螺壳呈细长塔形，壳高近10毫米、宽近5毫米，螺层5～6层，壳面淡黄白色至淡黄褐色，壳薄近透明、易碎。该螺分布在湖南、福建、广东、广西、海南等地，多发生于潮湿肥沃菜地，在春夏季的阴雨天或傍晚时出土活动取食，主要为害白菜、甘蓝、芥蓝、萝卜等蔬菜及花卉，以成、幼螺取食植株幼芽、嫩叶，严重时可使幼苗枯死，招致育苗失败，是南方蔬菜苗期的重要有害动物，可参照上法进行防治。

十三、农药使用技术

188. 常见的农药剂型有哪几种?

农药的剂型种类很多,下面仅介绍其中常见的7种。各剂型中文名后括号内为剂型代码。

(1)可湿性粉剂(WP) 是一种很细的粉状混合物,粉粒平均直径为25微米,不能直接喷施,要按照使用要求对水稀释配制成一定浓度稳定的悬浮液后,用喷雾器喷施。药液在植物上的黏附性好,药效比同种原药的粉剂都好。还可用作拌种、配制毒(药)土、毒饵、土壤处理、灌根(心)、泼浇、涂抹等。

(2)粉剂(DP) 是一种很细的粉状混合物,其95%的粉粒能通过200目标准筛,粉粒直径在74微米以下。低浓度的粉剂可用喷粉器直接喷施在作物上,适宜在水源困难的地区应用,使用方便,工效高,但在作物上的黏附力小,在同样的含药量情况下,不如可湿性粉剂和乳油的防治效果好;高浓度的粉剂可用于拌种、土壤处理和配制毒饵、毒(药)土、颗粒剂等。粉剂不能用于对水喷雾。

(3)乳油(EC) 曾被称为乳剂,现称为乳油。乳油是一种透明均一的油状液体,不能直接喷施,要按照使用要求对水稀释配制成一定浓度稳定的乳状液后,用喷雾器喷施,其油滴直径在0.1～10微米,其使用方法同可湿性粉剂。同一种原药,使用乳油的防治效果优于可湿性粉剂和粉剂。

(4)颗粒剂(G) 曾被称为沙粒剂、干粒剂、粒剂等,现称为颗粒剂。颗粒剂是有效成分均匀吸附或分散在颗粒中,或吸附在颗粒表面,粒径范围为2 000～6 000微米,是可直接使用的粒状制剂。颗粒剂又分为遇水解体和遇水不解体两种类型。药效期较长，使用药量相对较少，不易引起作物药害，对施药人员和害虫天敌也比较安全。主要用作穴施、条施、心叶撒施及土壤处理等，不能用水将颗粒剂中的有效成分溶出后喷雾。

(5)悬浮剂(SC) 曾被称为胶悬剂、水悬浮剂、水悬剂等，现称为悬浮剂。悬浮剂是一种黏稠状可流动性液体，兼有乳油和可湿性粉剂的一些优点，有效成分的粒径范围为1～5微米，耐雨水冲刷，不易燃，不易出现药害，能与水以任何比例混合，适用于喷雾、灌根等。在使用前宜先摇匀，并采用两步稀释法(见第219～220页)配药。

(6)可溶粉剂(SP) 曾被称为水溶剂、可溶性粉剂等，现称为可溶粉剂。可溶粉剂加水稀释后使用。

(7)水分散粒剂(WG) 曾被称为干悬浮剂、水分散性粒剂、可分散性粒剂等，现称为水分散粒剂。水分散粒剂是加水后能迅速崩解并分散成悬浮液的粒状制剂，它具备悬浮剂和可湿性粉剂的优点，又克服了它们的缺点，有很好的应用前景。

189. 怎样使用(常规)喷雾技术?

(1)技术要领 喷雾法是利用喷雾器械(552-丙型和工农-16型，铜喷头片孔径1.3毫米)将按一定比例配好的药液喷出，直接黏附在作物体上或病原物和害虫体上的一种施药方法，适宜防治植株地上部分发生的病虫害及田间杂草。此法用药量少，喷出的雾滴直径200～300微米，药液的黏附性强，持效期长，防治效果优于喷粉法；不足之处是对于暴发性病虫害及隐蔽性病虫害防治效果差，一般日工效为1 334～2 001平方米(2～3亩)，并且受水源限制。①使用常规(又称为常量或大容量或高容量)喷雾技术，一般每667平方米喷药液量为：苗期30～50升，成株期50～100升。喷雾时，喷头距植株以50～60厘米为宜，药液雾滴要均匀覆盖植株。防治一般病虫害，以药液不从叶面上流下来为宜；防治叶背面的病虫害，应把药液喷到叶背面；防治半钻蛀性或卷叶害虫，以喷湿透为宜。②在田间喷雾时，以退行喷雾为好；露地宜在早、晚叶面无露水、无风时喷雾，不可大风天、下雨天及晴天中午气温高时喷雾。在雨季施药，宜选用内吸(渗)性好或黏附性强的药剂，并注意天气预报，避免喷药后 24 小时内遇降雨。③本书中提到的喷雾防治，均采用常规喷雾技术，按此要求配制药液。

(2)注意事项 ①宜用清洁的河水、湖水、雨水稀释配药，不宜用含矿物质较高的水(如井水)、污水稀释配药。②在作物花期施药，易发生药害。③喷药后 24 小时内遇降雨，需补喷。

190. 怎样使用低容量喷雾技术？

(1)技术要领 低容量喷雾技术与常规喷雾技术相比，喷出的雾滴细、量小，不会结成水珠滴下，黏附性较好，故省工[日工效为 1.33～2 公顷(20～30 亩)]、省药(节省农药 20%～30%)、效果好、成本低。①低容量喷雾法使用的喷雾器械同常规喷雾法(见上问)，只需将 1.3 毫米孔径的铜喷头片换装成 0.7 毫米的不锈钢喷头片即可，喷出的雾滴直径 150～250 微米，每 667 平方米喷药液量 1～10 升；低容量喷雾使用的药剂品种、剂型和稀释浓度与常规喷雾法相同。②低容量喷雾一般在无风的条件下，有效喷幅为 0.75 米；在微风的条件下，有效喷幅为 1.5 米以上。当第一喷幅结束后，关上开关，再顺风向开始喷第二个喷幅，以此类推。喷幅顺序方向应从地面下风处开始，逐幅进行，以避免人体粘药。每一次喷雾的雾滴主要沉降在本次有效喷幅内，其余的雾滴沉降在前一次和再前一次喷幅上重叠积累起来。因此，喷雾前应先根据风向确定喷洒方向、走向及作业路线；喷头孔向要与风向一致，如有偏斜，不能大于 45°角；喷头离作物顶端一般为 0.5～1 米。

(2)注意事项 ①喷药前，应将药液用细纱网过滤，防止杂质堵塞小喷孔。②喷雾要随时注意风向和风速的变化，以便及时调整，保证喷洒质量。③喷洒时，喷头高度、行走速度、喷洒手压次数应尽量保持一致，以使喷洒的药液分布均匀、一致。

191. 怎样使用喷粉技术？

(1)技术要领 喷粉法是利用喷粉器械所产生的风力、或其他工具将低浓度粉剂吹送(或喷施)到作物上和防治对象体表上的一种施药方法。这种施药技术简单，不需用水，工效比常规喷雾法高10倍多，适宜防治暴发性害虫(如蝗虫、黏虫等)，适合在缺水地区及大面积地块上使用；但药粉易被风吹失和易被雨水冲刷，用药量大，持效期短，易污染环境。①喷粉时间，一般在早晨或傍晚有露水时顺风进行，风速在1～2级内(人的面部感觉有风)，要求喷得均匀、周到。②喷粉量，以作物体表面上覆盖一层极薄的药粉为宜，即用手指轻按叶片后，能看到有点药粉沾在手指上；若作物体表面已发白，则表示用药量已过大。

(2)注意事项 ①不能在大风天和逆风喷粉。②喷粉后1天内遇雨，最好再喷1次。

192. 怎样使用药剂处理种子？

使用药剂处理种子，可防治种传病害、地下害虫及部分苗期病虫害。常用的方法有以下3种。

(1)拌种法 用一定量的药剂和一定量的种子干拌，使每粒种子都能均匀地沾着一层药粉，多用于直播，也可放1～2天后再播。对少量种子，可将种子与药剂放入一个有盖的容器内(不能装满)，盖好盖，然后用手上下晃动数次即可；对大量种子，可将种子与药剂放入一个较大的干净容器内，用木棍轻轻搅拌，拌匀即可。

(2)浸种法 按使用要求，先在容器中将药剂对水稀释成一定浓度的药液，把种子放入药液中浸泡一定时间(可适当搅动)，捞出种子用清水冲洗3次，然后晾干种子表面的水分，再播种或催芽。

浸种时，药液温度以 10℃～20℃为宜，药液量是种子重量的 2 倍。

(3)闷种法 按使用要求，将药剂对水稀释成一定浓度的药液，把种子摊在地上，把药液均匀地喷洒在种子上，并边喷边翻动种子，使种子表面全部润湿，然后盖上塑料薄膜等物堆闷一定时间(24 小时)，待种皮干后播种，

(4)注意事项 ①要用符合国家质量标准的种子。②要准确称量药剂和水。

193. 怎样使用药剂处理土壤?

药剂处理土壤，就是利用多种施药技术，按照使用要求，将农药施于地面，翻入(或渗入)土层中，用于防治地下害虫、线虫、土传病害和某些植物地上部分病虫害。

(1)播种前处理土壤 播种前使用药剂处理土壤，不同的剂型，处理方法不同。①颗粒剂：可直接或与一定量的细土(砂)拌匀后，穴施、沟施、条施、撒施等，酌情盖土或翻入土层中。②高浓度粉剂：可直接用喷粉器喷施于地面后，翻入土层中，也可与一定量的细土(砂)拌匀后，穴施、沟施、条施、撒施等，酌情盖土或翻入土层中。③可湿性粉剂或乳油：需对水稀释成一定浓度的药液后，喷施于地面，再翻入土层中。要避免种子直接与药剂接触。为此，在药剂处理土壤后，过数天再播种或栽苗；或在地面覆盖塑料薄膜密封一定时间，揭膜晾晒数天后播种或栽苗。

(2)生长期处理土壤 生长期用药剂处理土壤的方法有灌根法、滴灌法和开沟法。①灌根法：按照使用要求，将药剂对水稀释成一定浓度的药液后，装入喷雾器内(去掉喷头)或水壶内，往植株根部喷(浇)灌，一般每株灌药液 0.25～0.5 升。在灌药液前，可先浇 1 次水，以防土壤太干而吸收药液；也可先将根际表土扒开，再灌药液，待药液渗下后盖土。②滴灌法：将药剂装在一个布袋中或配制成浓度较高的药液，在浇地入水口处，把布袋放入水中或将

药液均衡滴入流水中，使药液随水流到各处。③开沟法：在作物两侧、距根部15厘米处，开10～15厘米深的沟，施药后盖土。

194. 怎样科学使用药剂？

(1)对症用药 ①在幼苗出土或枝条萌芽后，应定期留心检查植株生长情况，一旦发现有异常现象，就要做标记(如拴一塑料绳)。②注意环境条件是否适宜作物生长，或适宜哪类病害、虫害的发生，采取的管理措施是否有问题等，以便找出原因。③可采集一些出现异常现象的叶片、或果实、或茎蔓、或根部等，洗净泥土，放入一个干净的塑料袋内，扎口后放在室温处1～3天，再查看异常现象的变化趋势，并检查田间异常现象是否有加重趋势；把田间和室内的异常现象与蔬菜病虫害的彩色症状图(注意：此类图多为中后期的症状)进行对比鉴别，或速请农业科技人员鉴定，以决定采取的防治措施。④对非侵染性病害，可根据诱发原因，采取相应的管理措施；对侵染性病害、或虫害、或螨害，对症选药防治。过3～5天后，全面分析，再决定下一步需采取的措施。⑤以记"日记"的方式，把观察、分析、采取的措施等全过程记下来，为科学用药打基础和积累经验等。

(2)适期用药 ①对虫(螨)害，一般宜在害虫3龄前用药；对钻蛀性害虫，宜在卵孵化高峰期用药；对可迁飞的害虫，宜在迁飞前或初发现时用药。②对病害，宜在发病前或发病初用药。③对杂草，宜在杂草种子萌芽前至幼苗期用药。④用药前，要注意环境条件(作物生长阶段、未来1～2天的气候状况等)是否适宜用药。⑤在蔬菜收获前的一段时间，要停止使用化学农药，对需多次采收的茄果类、瓜类、豆类等蔬菜更要注意安全间隔期。

(3)适量用药 ①要按照农药使用说明，严格控制单位面积上的农药有效成分用量和稀释对水量，不盲目使用"保险药"，也不片面追求过高的防治效果。②应根据病虫害发生特点和发生程度、所用药剂特性、天气条件等，适当控制用药次数，一般隔 7 天左右施 1 次药。若病虫害发生较重，可隔 5 天左右施 1 次药；若病虫害发生较轻，可隔 10 天左右施 1 次药；若使用了持效期长的农药，其间隔天数可与持效期相近。③要轮换使用农药。

(4)采用正确的方法施药 ①根据病虫害发生情况，选择适宜的施药方法，多种施药方法可配合使用。②施药前，要选用无故障的施药器械，根据土地面积准确称量所需农药和稀释用水量，采用正确的方法稀释配药。做好施药安全防护工作。在施药过程中，做好标记，避免漏喷或重喷。

(5)综合考虑药费投入 应从农产品收益、防治效果、农药成本等方面，做全面分析，力求获得最佳投入产出比，不宜盲目增加农药用量或选用价格较高的农药。

195. 怎样选购农药？

(1)看农药名称 ①我国规定，每一种农药有效成分(即对病、虫、草等有害生物具有杀灭或抑制作用的物质)，只能有一个通用名称；农药有效成分是农药产品中最主要的活性物质，农药产品不得使用商品名称(由农药登记审批部门批准的，用来识别或称呼某一生产厂家的农药产品名称)，农药名称应当使用通用名称或简化通用名称。②农药名称通常由 3 部分组成，即有效成分含量(用百分浓度表示)、通用名称和剂型，并以此顺序排列，如 80%敌敌畏乳油，“80%”是有效成分含量，“敌敌畏”是通用名称，“乳油”是剂型。对于由 2～3 种有效成分混配的农药，在各有效成分通用名称的简称之间，用一个小黑圆点隔开，如 20%氰戊·杀螟松乳油，“氰戊”是氰戊菊酯通用名称的简称、“杀螟松”是杀螟硫磷通用名称的简称。

(2)看农药类别 ①常用的化学农药，根据其用途可分为杀虫剂、杀螨剂、杀软体动物剂、杀鼠剂、杀菌剂、杀线虫剂、除草剂、植物生长调节剂等类型。②我国规定，不同类别的农药采用在标签底部加一条与底边平行的、不褪色的特征颜色标志带表示。除草剂用“除草剂”字样和绿色带表示；杀虫（螨、软体动物）剂用“杀虫剂”或“杀螨剂”、“杀软体动物剂”字样和红色带表示；杀菌（线虫）剂用“杀菌剂”或“杀线虫剂”字样和黑色带表示；植物生长调节剂用“植物生长调节剂”字样和深黄色带表示；杀鼠剂用“杀鼠剂”字样和蓝色带表示；杀虫/杀菌剂用“杀虫/杀菌剂”字样、红色和黑色带表示。农药种类的描述文字应当镶嵌在标志带上，颜色与其形成明显反差。③每一类农药有特定的防治对象和应用范围，各类农药之间是不能相互代替的。

(3)看注册商标 凡是正规农药厂生产的农药，在农药标签上有注册商标，其包括商标图案和“注册商标”四个字；在进口农药的标签上，“注册商标”用符号“R”代替。

(4)看农药使用说明 ①农药使用说明包括按批准登记作物及防治对象，简要介绍该农药的特性、适用范围、用药时期、使用剂量、使用方法等。②对使用剂量，国家已明令规定“用于大田作物时，使用剂量采用每公顷使用该产品的制剂量表示，并以括号注明亩用制剂量或稀释倍数”。③在农药标签上还印有农药毒性分级标志，供识别（见附录）。在蔬菜作物上，不能使用剧（高）毒农药。④在农药标签上还印有形象图，帮助安全使用农药。可根据生产需要，选择适宜农药，不盲目购药。

(5)看两证一号 在农药标签上必须有该种农药产品的农药登记证号、农药生产许可证号、产品标准号等。农药登记证号和农药生产许可证号是有期限的，若过期未办理延长手续，该农药品种则不能继续生产销售，购买农药时，需注意有无两证一号。进口农药直接销售的，可以不标注农药生产许可证号或者农药生产批准文件号、产品标准号。

(6)看生产时间、批号和有效期 凡正规农药生产企业生产的农药，一般都注明农药的生产时间和批号，并注明质量保证期限（一般为2年有效期）。在贮、买农药时，要注意质量保证期限，过期农药的药效会降低或失效，不要购买。购药时，应向商家索要发票，并保存好。

(7)看生产厂家名称 在正规农药企业生产的农药产品标签上，都注明生产企业的准确名称、地址、邮政编码、联系电话、网址等。进口农药产品应当用中文注明原产国（或地区）名称、生产者名称，及在我国办事机构或代理机构的名称、地址、邮政编码、联系电话等。

(8)看农药外观 从农药外观上可初步判断农药质量。①乳油外观为透明油状液体，不分层，无沉淀或悬浮物，加水稀释后，药液呈现均匀的乳白色状。若乳油已分层，先用力振荡药瓶，再静置1小时后若不分层，表示可继续使用，如仍出现分层，说明已变质失效，不能使用。若乳油中有沉淀物，可将农药瓶放在50℃～60℃温水中1小时，若沉淀物慢慢溶解，说明药剂尚未失效；若沉淀物很难溶解或不溶解，说明该药剂已经失效。若乳油加水乳化后，其乳状液不均匀或有浮油和沉淀物，说明有质量问题。②粉剂外观细度、色泽要均匀，有良好的流动性。粉剂若色泽不均匀，或有较多的颗粒感，说明有质量问题；若粉剂已结块，说明已受潮，不能使用。③可湿性粉剂若有色泽不均匀，或有较多的颗粒感，说明有质量问题。取少量可湿性粉剂，放入一杯清水中，充分搅拌，放置30分钟，若仍为混浊的悬浮液，可以使用；若水变清，农药沉在杯底，说明该药剂已经失效。④悬浮剂应为流动的悬浮液体，无结块。若有分层现象，但经摇匀后能恢复原状，可使用；但经摇匀后，仍有结块或分层现象，则不能使用。⑤颗粒剂外观要求颗粒均匀，粉末少，颗粒完整。遇水解体颗粒剂遇水后能在一定时间内崩解，而遇水不解体颗粒剂遇水后应在一定时间内继续保持完整。

196. 怎样稀释配制药液?

(1)掌握稀释计算公式 由于在农药标签上已标明了单位面积(公顷或亩)上的农药制剂用量和稀释倍数,可根据以下公式计算稀释剂用量:稀释剂(水、细土、砂等)用量=农药制剂用量×稀释倍数。首先,要明确需施用农药的实际土地面积,再根据土地面积计算出农药制剂用量,由农药制剂用量和稀释倍数计算出稀释剂用量。要注意:稀释倍数在100倍以内(含100倍),计算出的稀释剂用量中还应减去农药制剂用量,才是实际稀释剂用量。

(2)科学稀释 在称量农药时,对液态农药,用带有刻度的量杯或量筒或已事先度量好的容器量取农药;对固态农药,用秤或天平称取农药。绝不能采用估计的方式取用农药。①液体农药的稀释,若需要的药液量少时,可在配药容器里先倒入所需要的大部分清水,然后将定量药剂慢慢倒入水中,用木棍等轻轻搅拌均匀后,再用剩余的少部分清水冲洗盛药剂的容器,冲洗液倒入配药容器中,即可使用;若需要的药液量较多时,最好采取两步稀释配制法。②对可湿性粉剂和悬浮剂,最好采取两步稀释配制法。③对粉剂,先备好稀释料(细土、砂等),可在粉剂中混入一定量的稀释料,边添加边搅拌,直至所需的稀释料全部加完。④对颗粒剂,将稀释料(细土、砂等)与颗粒剂按一定比例搅拌均匀即可。

(3)两步稀释配制法 ①明确药剂用量和稀释水用量,根据喷雾器容积(装水量),计算出稀释水用量和药剂用量加在一起后,可分装多少个喷雾器(指同一种)。换句话说,就是药液量(药剂用量和稀释水用量加在一起)用一个喷雾器,需装多少次才能喷完。②先将药剂装在一个容器(大小根据需要而定)内,再用量筒或带有容量刻度的生理食盐水瓶注入一定量的水,充分搅拌配成母液,母液体积最好能被分装个数或喷完次数整分(即①中计算出的),计算出每个喷雾器内应装的母液量和水量。③先往喷雾器内加少量水，再用量杯取出适量母液，加入喷雾器，充分摇匀，然后补足水，混匀后喷雾。注意：母液量加上稀释水量应等于喷雾器的容积。

197. 怎样安全使用农药？

(1)严防农药中毒 ①在使用农药前，应充分了解所用药剂特性，并检修施药器械，不能带毛病作业。②应选择身体健康、有一定生产经验和农药知识的青壮年施药；老人、儿童、体质差的人，有农药中毒史的人，在经期、孕期、哺乳期的妇女等，均不能参加施药工作。施药人员不得饮酒。③施药人员要穿长工作衣、裤，戴橡胶手套、口罩、风镜，颈系干毛巾，手足涂肥皂；对施用中等毒性的农药或对眼、黏膜、皮肤等有刺激性的农药，要提前做好防范措施；在夏季，要坚决避免为图凉快不采取任何防护措施，甚至"赤膊"喷药的错误做法。④应在远离住宅、禽畜圈、水源等处稀释配制农药。在配药过程中，要避免药剂散落、飞扬或流洒等事故出现。⑤在施药期间，禁止吸烟、喝水、吃东西，也不能用手擦脸、抹汗、揉眼睛，不能相互打闹；不能带药检修施药器械，应先将药液倒入容器内，洗净后检修；不允许非施药人员进入施药现场，在施药地块上应插上明显标志，在一定时间内禁止人、畜入内。在田间临时存放的农药和施药器械，必须由专人看管，并要采取防晒、防雨、防风等措施；对于开装后未用完的农药，应仍在原包装内密封贮存，尽量保存原包装上的标签，不得将剩余农药转到其他包装物中。⑥施药人员每天喷药时间不宜超过5小时；连续施药不能超过5天。在施药结束后，施药人员一是应将药械清洗干净；二是用清水冲洗手、脸等皮肤裸露处，再用肥皂洗净，并用清水漱口；三是洗净工作衣裤等物。⑦剩余的药液、洗药械和洗工作服等的残液、用完的农药包装物，均应在远离水源和住宅处挖坑深埋；不能将农药包装物挪作他用，也不能随意丢弃在田间。⑧施药人员如出现头痛、头昏、恶心、呕吐等中毒症状时，应立即停止施药，离开现场，脱去工作服等，用清水冲洗皮肤等裸露处，漱口，在有关人员陪同下去医院就诊，并告诉医生使用的农药种类，以便确诊，对症治疗。

(2)防止产生药害 ①对于新药或自己未使用过的药剂，或从技术资料(包括本书)上查到的农药使用方法，都应先进行小面积的药剂试验，取得经验后，再大面积施用。②要严格按照农药标签上的使用要求，或在有经验的农技人员指导下，正确施药。③若不慎发生急性型药害(一般在喷药后几个小时或者几天以后，叶片出现斑点、穿孔、焦化、卷曲、失绿或白化等症状)，可喷清水冲洗植株表面，及时追施速效肥料(尿素等)，中耕松土，促进根系发育，还可根据引起药害的药剂特性，对症喷洒解症药剂。

(3)避免污染环境 施用农药时，应注意保护害虫天敌、蜜蜂、蚕类、鱼类及水生生物。①保护天敌。在天敌活动期(也就是害虫发生初、中期)，应选用对天敌杀伤力小的化学药剂或生物药剂，或在一些地块适当减少用药次数和用药量，保护天敌繁殖。②保护蜜蜂。在作物开花期，尽量不要施药；若需在花期施药，宜选用一些对蜜蜂毒性小的药剂，并避免往花部喷药，或在施药时，把蜂巢门关闭一段时间，避免蜜蜂接触药剂。若发现蜜蜂中毒，即配稀薄蜜水(1 升水中加蜂蜜 250 克)，在中毒蜂群的上部框梁喷洒少量稀薄蜜水，并在巢门口放置瓶式饲养器饲喂稀薄蜜水。③保护蚕类。避免在养蚕区附近及桑叶上施用对蚕类有杀伤力的药剂。④保护鱼类及水生生物。农药对鱼类急性毒性可分为高毒、中毒、低毒等三级。对于高毒类药剂，不能使其污染池塘、湖泊、水库、河流等水源；对于中毒类药剂，在通常使用方法下，对鱼类影响不大，但应避免在一段时间内大量施用；对于低毒类药剂，在普通使用方法下，对鱼类无毒害作用。对其他水生生物有毒害作用的药剂，也应避免使其对水源造成污染。

(4)保管好农药 ①不能用酒瓶、饮料瓶、食品袋等物装盛农药。对未用完的农药和因农闲暂时不用的农药，应贴好标签，封好口，再装入一个塑料袋内，然后包扎好，防止农药挥发或受潮。对标签已模糊不清或原标签丢失的农药要补贴标签，防止时间久了识别不清。②农药应存放在避光、干燥、通风、不受冻、避高温处，每种农药之间应相隔一定距离；存放农药处应远离火源，最好专柜存放，并加锁。③农药不能存放在卧室、厨房、畜圈、禽棚、墙头、窗户、厕所等处，也不能与易燃易爆物、食物、饲料、蔬菜、日用品、农具、化肥等物存放在一起。④对施药器械应用清水冲洗干净，晾干维修、上油防锈，挂在通风避光处保存。

198. 怎样避免病菌、害虫、杂草产生抗药性？

(1)预防措施 ①农药使用者应记录所使用农药的商品名称和农药有效成分的通用名称，为科学轮换用药提供查询依据。②尽量购买小包装农药，以减少同一种农药的使用次数；若无小包装农药，可几个农户联合购买大包装农药，再分到每个农户，就相当于购买小包装农药了。③同一品种或同一类型（指有效成分的化学结构相似）农药，尤其是某些防治效果好的农药品种，在一个生产季节内的施用次数不宜超过 2 次，最好与不同品种或不同类型的农药轮换使用。④使用常见农药就能获得很好的防治效果，或改进施药技术后就能获得较好的防治效果，就不宜换用其他新型高防效农药。⑤在发生同一种病、虫、草害的连片菜地，各农户之间最好能做到统一施药时间、统一用药品种、统一施药技术、统一施药人员、统一调查防治效果，这些措施有助于提高防治效果。⑥不要片面依赖化学农药防治病、虫、草害，要重视农业防治措施，创造出有利于蔬菜作物生长发育而不利于病、虫、草害发生的环境条件。

(2)停止使用 对防治效果差的农药，要停用，待查明原因后，再决定是否继续使用，不能盲目采用加大用药量的方法来继续使用。当确定病菌、害虫、杂草对某种化学农药产生了抗药性，应坚决停用这种已诱发抗药性的化学农药。

(3)补救措施 ①轮换使用药剂，换用的化学农药应与被停用的化学农药不属于同一品种或同一类型农药。②可在农药中适当添加增效剂，以提高防治效果。③使用植物性农药或微生物类农药，或使用符合国家有关规定的混配药剂。④可将两种农药混配在一起使用，药液应现配现用，不宜久存。但要注意，不能盲目将两种农药混配在一起使用，只有经过严格试验证明两种农药可以混配使用，才可进行混配使用；本身已是混配药剂（含有2种或3种有效成分），不宜再与其他药剂混配使用。⑤改进施药技术，或采用综合防治技术。

十四、综合防治技术

199. 怎样选择育苗畦？

可在露地地势较高、排水条件良好、地下水位较低、背风向阳处修建育苗畦，或在保护地内做育苗畦。同时，在冬春季育苗要搞好防寒保温措施，在夏秋育苗要搞好遮阳棚。

(1)阳畦 又称为冷床，由风障、栽培畦、畦框、透光覆盖物(如塑料薄膜或玻璃窗框)、不透光覆盖物(如草苫)等组成，以阳光来提高畦温，畦内温度一般为南低北高，易受天气变化影响，可供早春育苗使用。常用的有以下两种：①抢阳畦。多在北方使用。北框高35～60厘米，南框高25～45厘米，框宽40～60厘米(下宽上窄)。抢阳畦一般东西长6～8米、南北宽1.5～1.7米，在畦北设高2米、略向南倾的风障。②槽子畦。多在南方使用。南、北框的高度基本相同，一般框高40～50厘米、框宽40～50厘米，风障要紧贴北框根，几乎与地面垂直。

(2)遮阴防雨畦 由育苗畦和高0.8～1米的遮阴防雨棚等组成，可供夏秋季育苗使用。

(3)地面畦 在保护地内温、光条件最佳处修建的平畦，其上可搭小拱棚保温，可供冬春季育苗使用。

(4)电热育苗畦 在保护地内或露地修建，育苗畦内埋有电热线，一般每平方米面积额定功率为80～100瓦，可人工调节地温高低，可供冬春季育苗使用。若在电热育苗畦内进行农事操作，应先断电、后操作。

200. 怎样配制育苗营养土?

(1)育苗营养土的配制 ①用翻晒(最好在夏季强光下晒土数日)过的无病菜园土5份,完全腐熟的厩肥(最好用马粪)4份,河沙1份,配制成苗床土。每100千克苗床土再添加0.1千克硫酸钾和0.1～0.2千克过磷酸钙。②无病园土或大田土占2/5,腐熟厩肥或草炭土占3/5(供播种用苗床土);或无病园土或大田土占4/10,腐熟厩肥或草炭土占5/10,河沙或细炉渣占1/10(供分苗用苗床土)。

(2)育苗营养土的使用方式 ①把配制好的营养土直接平铺在育苗畦内,用于播种或分苗。该方式简单易行,但幼苗不易移动,切坨栽苗时易损伤根系和散坨。②用旧报纸叠成直径8～10厘米、高10～12厘米的纸袋,将营养土装入纸袋内,再摆放到育苗畦内,用于播种或分苗。栽苗时不用除去纸袋,但浇水过多时报纸会被沤烂,根系可穿过报纸与土壤接触,起坨时有散坨现象。③将营养土装入塑料钵内(土距钵口约2厘米),再摆放到育苗畦内(四周用营养土填实),用于播种或分苗。可根据幼苗长势移动塑料钵来调整塑料钵之间的距离(苗距),不易伤根。栽苗时要脱去塑料钵。塑料钵直径8～10厘米、高10～12厘米,底部有排水孔。

201. 怎样进行温水浸种?

(1)选种 可选用存放1～2年的种子,要求籽粒饱满、无破损、成熟好、发芽率高(最好先测发芽率)、无杂质,并把种子放在柳编或竹编的簸箕(笸箩)内,摊成薄薄的一层,在阳光下晒种1～2天。在选购袋装种子时,要注意种子袋上的标志是否符合国家有关标准,并保留发票、种子袋及少量种子。

(2)温水浸种 把种子(或鳞茎)放入温水(用温度计测温)中,并不断搅拌,浸泡一定时间后,捞出种子(或鳞茎)用凉水冷却,晾干后催芽或播种。水温和浸种时间与蔬菜种类有关，例如：①番茄，52℃，30分钟。②茄子，50℃，30分钟。③辣椒、黄瓜、丝瓜，55℃，10分钟。④南瓜，55℃，15分钟。⑤西葫芦，55℃，40分钟。⑥菜豆，45℃，10分钟。⑦豌豆，50℃，10分钟。⑧洋葱，50℃，25分钟。⑨洋葱鳞茎、大葱鳞茎，45℃，90分钟。⑩芹菜，48℃，30分钟。⑪白菜类、甘蓝、萝卜，50℃，20～30分钟。每种蔬菜的不同品种之间尚有差异，为避免烫坏种子，先用少量种子做温水浸种试验，根据出苗情况，可适当调整水温和浸种时间，等取得经验后，再使用温水浸种。

202. 苗床内温湿度管理的要点是什么？

(1)播种 最好在冷尾暖头的晴天上午进行，播种方式可采用撒播或点播。①撒播：此法适用于茄果类、叶菜类、花菜类等蔬菜。先往种子内掺少量干净细砂，撒种于苗床上，再用细铁丝等物将种子拨匀，立即覆土0.7～1厘米厚。②点播：此法适用于瓜类、豆类等蔬菜。在苗床上按10厘米见方划格，将种子平放在方格中央，立即覆土1.5厘米(瓜类)至2厘米(豆类)厚。播种完后，可在苗床上覆盖塑料薄膜，或搭小拱棚，而在夏秋季则需搭遮阳棚。

(2)温湿度管理 应根据幼苗的种类和不同生长阶段调节苗床内的温湿度。①播种后至出苗前。此期主要是保温保湿，喜温蔬菜出土最适地温为20℃～30℃，50%以上幼苗出土需5～10天；耐寒蔬菜出土最适地温为16℃～20℃，50%以上幼苗出土需6～10天。一般不浇水，若苗床土太干，可喷淋25℃温水；若苗床土太湿，需揭去塑料薄膜。在大部分幼苗开始拱土时，可往苗床内撒一层0.3～0.5厘米厚的干细土。②出苗至分苗前。有50%的幼苗出土后，需揭去塑料薄膜，使幼苗见光，若遇连阴雨天，可人工补光，并逐步降低苗床内的温度。幼苗出齐后，再往苗床内撒一层

0.3～0.5 厘米厚的干细土。番茄：白天气温 22℃～26℃、地温 20℃～23℃，夜间气温 13℃～14℃、地温 18℃～20℃；茄子和辣椒：白天气温 20℃～25℃，夜间气温 10℃～15℃，地温 15℃；瓜类：白天气温 20℃～25℃，夜间气温 13℃～17℃，地温 15℃；叶菜类、花菜类、茎菜类等蔬菜：白天气温 18℃～22℃，夜间气温 10℃～12℃。③分苗至定植前。番茄和茄子在第一片真叶展开时(1 叶 1 心)，辣椒在第二片真叶展开时(2 叶 1 心)，叶菜类在第二片和第三片真叶展开时，进行分苗。分苗前 3～4 天，逐步降温；分苗前 2～3 天，浇 1 次水，以利起苗。最好在冷尾暖头的晴天上午进行分苗。可分苗于苗畦中(要先晒畦)，开沟摆苗，浇温水(20℃)，辣椒(双株)、番茄、茄子等的苗距不小于 8 厘米见方，叶菜类、花菜类等的苗距不小于 6 厘米见方；也可将幼苗移栽到直径 8～10 厘米的营养钵或纸袋中。分苗后，苗床上可搭小拱棚或闭棚保温，白天气温保持在 25℃～28℃，夜间气温因蔬菜种类不同而异(番茄和黄瓜为 15℃～18℃，茄子和辣椒为 17℃～18℃，叶菜类为 15℃～16℃)，地温为 20℃左右。缓苗期不浇水。缓苗后，适当通风降温，此时茄果类蔬菜幼苗已进入花芽分化期，夜间气温不能低于 13℃，并保持 10℃左右的昼夜温差，地温不能低于 15℃。

(3)其他管理措施　①要保持塑料薄膜或棚膜表面的清洁，并采取其他增加光照的措施。②适时适量通风，要防止冷风闪苗。③积极采取多种措施，以减轻灾害性天气造成的危害。④要防止幼苗徒长或幼苗老化。⑤在定植前 7～10 天，应逐步通风降温炼苗，做到幼苗带药定植。

203. 怎样使用遮阳网覆盖种植蔬菜？

(1)遮阳网的栽培作用　采用遮阳网覆盖技术，在露地夏秋季蔬菜生产中，可起到遮强光、降地温、防风雨和冰雹、减少土壤水分蒸发、避免病虫害发生等作用，又可提高保护地(6～10 月份)的利用率;在早春或晚秋季蔬菜生产中,可起到保温、防寒、防霜冻的作用。

(2)遮阳网的特点 遮阳网是采用耐老化的塑料丝编织而成。①颜色:有黑色、银灰色、白色、浅绿色、蓝色、黄色及黑色与银灰色相间等,生产上应用较多的是黑色网和银灰色网。②型号:以纬经每25毫米编丝根数为依据,分为5种,即8根网、10根网、12根网、14根网和16根网。③规格:幅宽主要有90厘米、150厘米、160厘米、200厘米、220厘米、250厘米、300厘米和400厘米等。以12根网和14根网两种型号为主,幅宽以160~250厘米为宜,每平方米重量45克和49克,使用寿命为3~5年。④遮光率:黑色和银灰色的遮光率因型号不同而异。8根网的为20%~30%和20%~25%,10根网的为25%~45%和20%~40%,12根网的为35%~55%和35%~45%,14根网的为45%~65%和40%~55%,16根网的为55%~75%和50%~70%。

(3)覆盖方式 ①浮面覆盖:将遮阳网直接覆盖在地面或植株上面,播种后或定植后或越冬菜等,都可采用这种覆盖形式。②小平棚覆盖:利用竹竿、木棍、铁丝等,在畦面上搭成高80~100厘米的平面或拱架,然后将遮阳网覆盖在拱架上的一种覆盖形式,在我国南方多采用。③中、小拱棚覆盖:利用中、小拱棚的拱架,将遮阳网覆盖在其上的一种覆盖形式。④大棚或日光温室覆盖:将遮阳网覆盖在大棚或日光温室的棚膜上。

(4)种植方式 在我国南方,蔬菜遮阳网覆盖可分为5种类型。①早熟夏菜延后栽培,如早熟辣椒、茄子等。②夏菜栽培,如小白菜、大白菜、菜心、萝卜、芥蓝、莴苣、莴笋、芹菜、黄瓜、食荚豌豆等。③秋菜育苗,如秋甘蓝、秋花椰菜、秋芹菜、秋莴笋、芥蓝等的夏季育苗。④早秋菜栽培,如早花椰菜、早甘蓝、早大白菜、早菠菜、芹菜、茼蒿、芥蓝等的早秋栽培。⑤防霜冻栽培,如秋延后莴笋、越冬芹菜、菠菜、乌塌菜,早春育苗等。

(5)注意事项 ①需拼接幅网时,应用尼龙线缝合,不能用棉线或市售包扎塑料绳。②一般黑色网适宜伏天酷暑季节和对光照度要求较低、病毒病较轻的蔬菜覆盖;银灰色网有避蚜虫和预防病毒病的作用,适用于早春、初夏、早秋季节和对光照度要求较高的蔬菜覆盖。③喜光、喜温的茄果类、瓜类夏秋栽培,宜选择透光率较大(50%～70%)的遮阳网;喜凉、耐弱光的甘蓝、白菜、芹菜、韭菜等蔬菜,宜选择透光率较小(30%～40%)的遮阳网。④在高温强光天气,应在上午9:30以后盖网、下午3:00以后揭开网;大雨天盖网,小雨天揭网;在防霜冻栽培中,一般是早上揭网、傍晚盖网。

204. 怎样使用防虫网覆盖种植蔬菜?

(1)防虫网的栽培作用 防虫网除具有遮阳网的优点外,还能防虫防病,大幅度减少农药使用量,是生产无公害蔬菜的关键技术。

(2)防虫网的特点 防虫网是以优质聚乙烯为原料,添加了防老化、抗紫外线等助剂,经拉丝织造而成,形似窗纱,具有抗拉、抗热、耐水、耐腐蚀、无毒无味等特点,收藏轻便,正确保管寿命可达3～5年。①颜色:有黑色、银灰色、白色、绿色等,以白色为主。若为加强遮光效率,可选黑色;若为加强防蚜虫效果,可选银灰色。②型号:有18目、20目、22目、24目、25目、26目、30目、32目、40目、50目等。③规格:幅宽主要有100～150厘米,最大有360厘米。④遮光率:20～22目银灰色防虫网一般遮光率在20%～25%。

(3)覆盖方式 ①浮面覆盖:对蕹菜、苋菜、小白菜等夏季叶菜,从播种到采收,在畦面上直接覆盖绿色防虫网;而对夏大白菜、夏甘蓝、早青花菜、早花椰菜等,可在栽植后20天内覆盖绿色防虫网。②利用小棚覆盖:多用于夏季小白菜等叶菜的覆盖。小棚架形状依畦的宽度而异，可做成小拱棚，也可做成小平棚，但棚架高度应高于栽培蔬菜的生长高度。浇水等可从棚外喷淋进去。③大棚覆盖：夏季利用大棚架，全部全封闭盖上防虫网，进行蔬菜的育苗或其他高效叶菜、茄果类、瓜类的栽培，从种到收，不揭网，不喷或少喷农药（可用生物农药），操作管理也方便。④水泥柱平棚架：用水泥立柱搭成平棚架，棚高 2 米，长方形（50 米×66 米），每 3 335 平方米（5 亩）为一网室，种植夏季小白菜。

(4)选网依据　①在江南地区，种植夏季小白菜，以选 20～25 目白色防虫网为宜。②为防棉铃虫、斜纹夜蛾、甘蓝夜蛾、甜菜夜蛾、菜螟、小菜蛾、菜青虫、豇豆荚螟、黄曲跳甲、猿叶虫等体型较大的害虫，以选 20～25 目防虫网为宜。③为防斑潜蝇、温室白粉虱、烟粉虱、蓟马蚜虫等体型较小的害虫，以选 40～50 目防虫网为宜。④在蔬菜等制原种时，选 50 目以上防虫网防花粉传入。

(5)覆盖程序　①前茬作物收获后，将残株和杂草运到田外，集中烧毁。建棚前 10 天，放水淹没菜地畦面 7 天，再排出积水，让太阳暴晒 2～3 天，并全田喷洒农药灭菌杀虫。②增施腐熟的有机肥，选用耐热抗病虫优种。③对大棚，将防虫网直接覆盖在大棚架上，在网上用压膜线扣紧，留正门揭盖。对小拱架，以竹片或钢筋弯成拱架，插于大田畦面，将防虫网覆于拱架上，以后浇水直接浇在网上，一直到采收都不揭网。对水平棚架，搭好水平棚架后，将防虫网覆于平架上。防虫网四周用土或砖块压严压实。由于遮光较少，无须日盖夜揭或前盖后揭，应全程覆盖。④网目过细时，易产生热蓄积，应安装排风扇等通气。在网室内设置微喷装置或滴灌装置，以利于灌溉。⑤经常检查防虫网有无撕裂口（特别是使用年限较长的），及时修补裂口。⑥要经常留心查看网内是否有虫害发生，以便采取对策。

(6)精心保存　使用结束后，应将防虫网及时收下，洗净、吹干、卷好，以延长使用寿命。

205. 怎样使用防雨棚种植蔬菜？

（1）防雨棚的性能特点 ①防雨棚具有遮阴、降温、防雨等功能，改善了环境小气候。②植株生长健壮，坐果率提高，提高了产量和品质。③减轻病虫害的发生。

（2）结构特点 ①一般跨度为7～8米，拱高1.8～2.0米。②选用早春大棚用过一段时间的聚乙烯旧膜较为理想。若采用新棚膜，可用细砂纸轻微打磨一次，以增强灰尘附着力，或在覆盖后涂以石灰乳，其目的在于降低新膜的透光率。③棚膜只盖棚顶至两肩部，至四周地面有0.8～1米的空间。④在棚四周挖好排水沟，沟宽1米、深0.4米，并与田间排水干沟相通，以确保大雨过后，水不流入棚内。

（3）种植要点 ①应选择耐热、抗病、优质、高产的中晚熟的茄果类、瓜类优种。②蔬菜产品主要在7月、8月、9月上市，由此来确定合适的播种期和定植期，采用容器育苗。③前茬作物收获后要及时深耕翻地，重施充分腐熟、质量好的有机肥，适量增施磷肥和钾肥，并与土壤充分混匀，采用高垄栽培，垄高10～20厘米。④采用带蕾的大苗栽植，定植前最好先上好棚膜，浇足底墒水，选阴天或晴天傍晚定植，定植沟内浇足水，定植后浇1～2次缓苗水，缓苗后及时进行中耕松土。⑤做好温湿度、施肥浇水、植株调整、保花保果和病虫害防治等项管理工作。

206. 怎样使用频振式杀虫灯？

（1）使用特点 ①频振式杀虫灯宜在当地虫害发生期使用，一般为5～10月份。每天晚19时开灯，第二天早5时关灯，降雨天不开灯。②可诱杀斜纹夜蛾、甜菜夜蛾、银纹夜蛾、地老虎、烟青虫、玉米螟、菜螟、黄草地螟、豆荚螟、瓜绢螟、二化螟、卷叶蛾、红腹灯蛾、芋单线天蛾、甘薯天蛾、大猿叶甲、叶甲、黄曲跳甲、象甲、铜绿金龟子、豆天牛、芫菁、麻皮蝽、绿盲蝽、蟋蟀、蝼蛄等蔬菜害虫。③对天敌的伤害量只占杀虫总量的0.67%～2%。

(2)设置安装 ①目前有PS-15Ⅱ型普通灯和PS-15Ⅱ型光控灯两种,按照杀虫灯规定电压,交流电220V,直流电12V,可使用5～6年。②灯具布局,可采用棋盘状分布(较普遍适用),也可采用闭环状分布。但无论采用哪种分布,都以单灯辐射半径120米来计算控制害虫面积,每盏杀虫灯控制害虫面积为2～5.33公顷(30～80亩)。③根据灯的类型,选择220V电源,采用顺电杆架空线路。没有线杆的地方,用长2.5米以上的木桩作为临时线杆。确定好架灯位置,栽两根木桩或三脚架,用8号铅丝把灯上的吊环固定在两根木桩的横担上。根据防治对象来调整安放高度,对叶菜类的小菜蛾成虫等,灯管下沿距地表以1米以下为宜;对飞翔力较强的甜菜夜蛾、小地老虎、烟青虫、棉铃虫等,灯管下沿距地表以1.5米以上为宜。为防止刮风时灯摆动,用铁丝将灯固定在木桩上,然后接线,接线口用胶布严密包扎。接通电源,打开开关,指示灯亮,即进入正常工作。③要注意,该灯不能用于照明。安装时要查看所使用电源是否稳定,否则可能会影响灯的使用寿命。不能随意拉线,以防意外。接通电源后,切勿触摸高压电网。若高压电网上布满成虫残体,必须停电后,由专管员清理虫体,并将灯上的虫垢用刷帚打扫干净。必须使用集虫袋,统一处理。出现故障,应立即断电,进行维修。

附录　农药产品毒性分级及标志

毒性分级	级别符号语	经口半数致死量（mg/kg）	经皮半数致死量（mg/kg）	吸入半数致死浓度（mg/m³）	标　志	标签上的描述
Ⅰa级	剧毒	≤5	≤20	≤20		剧毒
Ⅰb级	高毒	＞5～50	＞20～200	＞20～200		高毒
Ⅱ级	中等毒	＞50～500	＞200～2000	＞200～2000		中等毒
Ⅲ级	低毒	＞500～5000	＞2000～5000	＞2000～5000		
Ⅳ级	微毒	＞5000	＞5000	＞5000		